高等职业教育产教融合新形态精品教材

创新思维与创业管理

（第2版）

活页式教材

主　编　周欢伟　黎惠生

副主编　李　可　刘星辛　张镇海　李利娜

　　　　左珏珵　黄　品　李国臣　袁旭美

主　审　乔西铭　李　丽

北京理工大学出版社

BEIJING INSTITUTE OF TECHNOLOGY PRESS

图书在版编目（ＣＩＰ）数据

创新思维与创业管理／周欢伟，黎惠生主编. —2
版. -- 北京：北京理工大学出版社，2024.4
ISBN 978-7-5763-3868-3

Ⅰ.①创… Ⅱ.①周… ②黎… Ⅲ.①创业-企业管
理-高等学校-教材 Ⅳ.①F272.2

中国国家版本馆 CIP 数据核字（2024）第 082279 号

责任编辑：徐艳君　　　**文案编辑**：徐艳君
责任校对：周瑞红　　　**责任印制**：施胜娟

出版发行 / 北京理工大学出版社有限责任公司
社　　址 / 北京市丰台区四合庄路 6 号
邮　　编 / 100070
电　　话 / (010) 68914026（教材售后服务热线）
　　　　　　　(010) 68944437（课件资源服务热线）
网　　址 / http://www.bitpress.com.cn

版 印 次 / 2024 年 4 月第 2 版第 1 次印刷
印　　刷 / 河北盛世彩捷印刷有限公司
开　　本 / 787 mm×1092 mm　1/16
印　　张 / 13
字　　数 / 300 千字
定　　价 / 59.80 元

编委会人员

序

习近平总书记在中国共产党第二十次全国代表大会上所作报告中要求："培育创新文化，弘扬科学家精神，涵养优良学风，营造创新氛围。""激发全民族文化创新创造活力，增强实现中华民族伟大复兴的精神力量"。

在当今这个快速变革的时代，创新和创业教育已成为推动社会经济发展的重要动力。为了培养具有创新精神和创业能力的人才，我国高校纷纷开设了创新创业相关课程，配套教材应运而生，成为广大师生的重要教学资源。

本书是全国第一本活页式的创新创业教材，以项目驱动的任务式教学模式，借助蒂蒙斯创业过程模型，将创新创业教育的理论和核心知识贯穿全书。

本书以一对青年从认识商业计划书开始创业生涯，通过挖掘商业机会、评估创业团队、整合优势资源、践行商业计划书，最后获得创业成功的完整故事情节为主线，具有灵活性、趣味性、目标性等特点，增加了本书的可读性。在编写过程中注重理论与实践的结合，既涵盖了创新思维与创业管理的基本理论，又提供了丰富的典型案例，以期为广大读者提供一本系统、实用的创新创业教材。本书配有大量的数字资源，包括慕课平台、课件 PPT、经典教学视频、思考与练习、拓展资源等，为扩大读者阅读的广度和深度奠定了基础。

本书是广东省九所职业院校和两家从事创新创业教育的企业，结合广东省创新创业教育特色和粤港澳大湾区发展要求共同编写而成的，编写团队发挥高校教师理论优势和企业高管实践优势，书中既有理论知识，又有典型案例，还有任务训练，使书中内容更加实用、更加丰富多彩。

本书适用于高等院校创新创业核心课程的教学，也可作为创业者的培训教材和参考读物。希望本书的出版，能为培养我国的创新创业人才、推动经济社会发展贡献力量。

此为序。

张竹筠

2024 年 2 月

前 言

一、本书的编写背景

《中华人民共和国职业教育法》明确指出"职业教育是与普通教育具有同等重要地位的教育类型，是国民教育体系和人力资源开发的重要组成部分，是培养多样化人才、传承技术技能、促进就业创业的重要途径"，《国务院办公厅关于进一步支持大学生创新创业的指导意见》（国办发〔2021〕35号）要求"将创新创业教育贯穿人才培养全过程"，《国家职业教育改革实施方案》要求"建立健全学校设置、师资队伍、教学教材、信息化建设、安全设施等办学标准，引领职业教育服务发展、促进就业创业"。因此编写一本优质的创新创业教育教材成为迫在眉睫之事。

二、本书的主要内容

本书借助蒂蒙斯创业过程模型，将创新创业教育的理论和核心知识贯穿全书，解决公共必修课中跨专业、知识面广、难以教学等问题。

本书由绪论和五个项目构成，以撰写好一本商业计划书作为核心抓手，重点说明机会、团队、资源之间的逻辑关系；通过项目驱动，每个项目中含有知识目标、能力目标、素质目标、重点难点、知识导图，系统地将每个任务的内容高度概括在一起，使学生能快速地抓住重点。绪论通过对工业革命、社会主义核心价值观、中华优秀传统文化等对创新创业教育的影响、作用的分析，突显出社会主义社会制度的优越性，同时说明可以利用创新创业教育指导职业生涯规划。项目一通过认知商业计划书，分析了商业计划书的作用、类型，说明了撰写商业计划书的基本格式要求和规范，全面展示了商业计划书的撰写方法和内容。项目二通过挖掘商业机会，让学生了解创新创业的定义，掌握国家相关政策，便于从技术痛点、国家政策等多方面挖掘和筛选商业机会，利用技术创新的途径，形成技术成果，分析商业模式，控制创业风险，熟悉企业运营基本流程，为创新成果转化奠定基础。项目三通过评估创业团队，掌握创业团队构建原则和主要模式，知悉影响团队稳定的因素，进而从源头把握挑选团队成员的基本核心技巧，同时构建团队成员的进入和退出机制，保证企业团队整体有效运作。项目四通过整合优势资源，利用团队成员的各自力量，挖掘财务资源、人才资源、技术资源、市场资源、效益资源等，为创业团队服务，减少创业风险，提高创业成功率。项目五通过践行创业行为，让学生融合项目一至项目四的知识点，一起撰写一本合格的商业计划书，并对每个环节的切入提出撰写要求和技巧，最后建议通过商业路演的形式展示商业计划书，使学习的内容能高效地运用。

每个项目中含有多个任务，整本书共有十八个任务，每个任务通过任务发布、知识学习、任务训练、任务评价、活页笔记、思考与练习、拓展资源等完成任务的学习。任务发布说明学习的目标；知识学习融入知识和案例，重点阐述基本概念和理论；任务训练以任务单的形式训练技能；活页笔记便于学生记录学习过程、重点难点及心得体会；思考与练习为课后提供复习的平台；拓展资源为学生提供知识的广度和深度。全书既侧重个人岗位技能训练和素质培养，也注重团队协作能力养成，教学过程的实施体现相应的职业工作过程，任务完成后就形成一个完整的商业计划书，并能进行有效的路演。

三、本书的编写特点

目前国内已经出版的双创（创新创业）教材不少于 400 种，大多采用学科制的模式，以理论阐述和举例为主，采用传统模式封闭装订，造成学生使用不方便等现象。与同类教材相比，《创新思维与创业管理》是一本新型活页式教材，并具有以下七个特点：

一是"项目驱动"。基于蒂蒙斯创业过程模型，融入大量近两年的真实案例，采用项目驱动式的任务模式，既有故事情节一条明线的项目，又有真实案例作为项目驱动，说明知识的重要性，将创新创业教育的理论和核心知识贯穿整个过程，重点说明机会、团队、资源之间的逻辑关系。

二是"完整情节"。以一个完整故事情节贯穿整本书，讲述一对青年从认识商业计划书开始创业生涯，通过挖掘商业机会、评估创业团队、整合优势资源、践行商业计划书，最后获得创业成功的故事。

三是"课程思政"。每个任务设置励志微语录，将二十大精神、爱国主义精神、中华优秀传统文化等有机融入书中，培养学生的创新精神、进取精神、奋斗精神、工匠精神等，加强社会主义核心价值观教育。

四是"任务驱动法"。每个项目中含有多个任务，通过发布任务、知识学习等实施对学生的"教"；通过任务训练、任务评价、活页笔记、思考与练习、拓展资源等让学生完成"学"；且以典型工作任务为载体，以学生为中心，以能力培养为本位，注重理论够用、技能训练为主的编写思路。

五是"活页式装订"。采用方便取出或加入内容的活页装订，方便学生随时添加新笔记、新内容。

六是"校企融合"。本书由企业和学校共同组织编写，企业深度参与典型案例收集、商业计划书的撰写和路演等，并结合广东省创新创业教育特色和粤港澳大湾区发展要求，使书的内容更加丰富多彩。

七是"数字资源"。书中嵌入形式多样的二维码，学生可扫码查阅，获得课件 PPT、经典教学视频、思考与练习、拓展资源，并在智慧职教等平台上推出配套学习微网站，便于线上线下结合教学。

四、本书的使用建议

本书建议学时为 32 学时，设 2 学分，其中理论 16 学时、实践 16 学时。理论学时包括：

绪论 1 学时，项目一 1 学时，项目二 5 学时，项目三 3 学时，项目四 5 学时，项目五 1 学时。实践学时包括：项目一中初识商业计划书 1 学时；项目一中规划商业计划书 1 学时；项目二中培养创新思维 4 学时；项目三中筹建创业团队 4 学时；项目四中开拓市场资源 2 学时；项目五中路演商业计划书 4 学时（包括汇报、答辩、点评）。

本书的任务训练建议以团队方式进行，以便进行充分讨论，激发团队智慧，每个团队人数建议为 4~6 人，选出组长 1 人，负责组织讨论、分配任务、队内问题解决和冲突协调、拍板决策等。所有任务都以商业计划书为主线，展开理论与实践教学。

本书任务训练涉及的命题均由企业根据商业实际提供，任课教师采用电子沙盘、模拟情境等方式进行，也可根据任务另选典型案例进行实践训练。对于学有余力的学生或团队，采用双线并行的方式进行学习，即：课堂上以完成本书所提供的内容为主，课余时间以个人或团队形式围绕教师另行提供的案例进行任务训练。

本书的任务训练都可拆卸下来作为活页式任务单，供学生间以纸质形式相互交流和互评。同时提供 Word 空白表格，供任课教师根据需要修改后分发给学生，然后以电子稿形式收取作业。本书为活页式教材，吸取多种不同教材的形式，进行整合和优化后形成，学生反馈良好。

五、本书的编写团队

本书由广州铁路职业技术学院、广东工程职业技术学院、广东环境保护工程职业学院、广东财贸职业学院、广东生态工程职业学院、广东科贸职业学院、广东科学技术职业学院、广东南华工商职业学院、广东东莞职业技术学院共同组织编写，由广州铁路职业技术学院乔西铭教授、广东工程职业技术学院李丽教授担任主审，由广州铁路职业技术学院周欢伟教授（博士）、广东工程职业技术学院黎惠生老师担任主编。

其中，绪论由广州铁路职业技术学院陈彦珍博士，广东南华工商职业学院黄品老师、刘丽老师共同编写；项目一由广东科学技术职业学院左珏瑆博士、沈润乔老师，广州铁路职业技术学院康利梅副教授（博士）、李猷老师、周欢伟教授（博士），广东东莞职业技术学院李国臣教授（博士）共同编写；项目二由广东工程职业技术学院黎惠生老师、余楚君老师、许喜斌老师、林洁珊老师、何杰文副研究员，广东南华工商职业学院黄洁瑜老师共同编写；项目三由广东环境保护工程职业学院李可老师、莫桂海老师、刘浩宇老师、黄茜老师，广东生态工程职业学院熊翠娥老师、乔宝成老师共同编写；项目四由广东科贸职业学院李利娜老师、范兴奎老师、郝菲菲老师，广州铁路职业技术学院梁俊文博士共同编写；项目五由广东财贸职业学院刘星辛副教授（博士）、欧文仪老师、赖坤妍老师，广东科贸职业学院姚莉副教授（博士），广东财贸职业学院刘婕老师共同编写。

本书的情境故事和典型案例由广东科贸职业学院郝菲菲老师、广州凌仁乐科技有限公司顾慰坤总经理编写，所有的 PPT 由广东财贸职业学院赖坤妍老师设计和优化而成，慕课平台建设由广州铁路职业技术学院李猷老师、广州华学教育科技有限公司李显意总经理负责。广州华学教育科技有限公司的策划部、运营部主管和一线工作人员对本书的编写提出了诸多建设性建议，总经理李显意设计了本书的情境故事、典型案例、任务训练等。

本书在编写过程中，参阅了大量的网络资料和参考文献，已尽可能在参考文献中列出，在此对它们的作者表示感谢。因疏漏没有列出或因网络引用出处不详者，在此表示深深的歉意。

中国高等教学学会创新创业分会副理事长、广州铁路职业技术学院党委书记张竹筠研究员，广东省机械研究所有限公司阮毅教授级高工等都为本书编写提供了大量的建议和帮助，在此一并表示感谢！

由于编者水平有限，书中难免有不妥之处，敬请广大读者批评指正。对全书内容选取、编排和活页式教材使用等方面有好的建议，请发邮件至 howardzhw@ 163. com。

编　者
2024 年 2 月

目 录

绪论

实施思创融合

学习目标

1. 了解社会主义核心价值观对大学生双创教育的引领作用；
2. 熟悉中华优秀传统文化对双创工作的深远影响；
3. 掌握双创教育与职业生涯规划的关系。

能力目标

1. 具备用中华优秀传统文化智慧指导双创工作的能力；
2. 具备用双创教育知识制定职业生涯规划的能力。

素质目标

1. 培养具有家国情怀和时代视野的双创人才；
2. 培育政治素养、人文素养、创业技能兼备的双创青年。

重点难点

1. 社会主义核心价值观对大学生双创教育的引领作用；
2. 中华优秀传统文化对双创教育的影响与作用。

知识导图

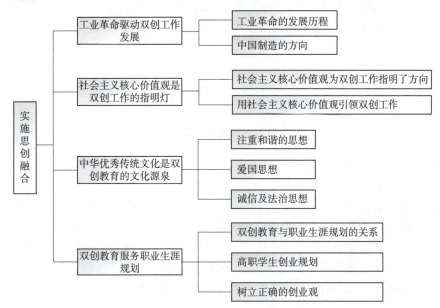

第一部分　任务发布

任务描述：思创融合是指思政教育和双创教育的深度融合。本任务旨在将社会主义核心价值观教育贯穿人才培养的全过程，落实立德树人根本任务。

任务分析：本任务包含双创教育的时代背景、社会主义核心价值观教育与双创教育的关系、中华优秀传统文化对双创教育的深远影响等内容

任务实施：通过学习双创工作的时代背景、社会主义核心价值观对双创教育的引领作用以及中华优秀传统文化对双创教育的影响，培育自身家国情怀、时代视野、人文素养、政治素养。

第二部分　知识学习

一、工业革命驱动双创工作发展

制造业是国民经济的支柱，是立国之本、兴国之器、强国之基，实现新型工业化是实现中国式现代化的应有之义。《中华人民共和国国民经济和社会发展第十四个五年规划和2035年远景目标纲要》提出："基本实现新型工业化、信息化、城镇化、农业现代化，建成现代化经济体系。"

（一）工业革命的发展历程

1. 工业1.0、2.0、3.0、4.0概念

从18世纪60年代到现在，人们不断推进科技进步和技术创新，人类社会先后经历了四次工业革命，分别为工业1.0、工业2.0、工业3.0、工业4.0（如图0-1-1所示）。

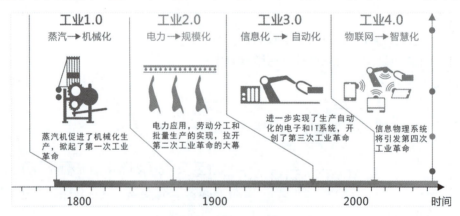

图0-1-1　四次工业革命历程

2. 面向2035的中国制造高质量发展

党的二十大报告指出："坚持把发展经济的着力点放在实体经济上，推进新型工业化，加快建设制造强国、质量强国、航天强国、交通强国、网络强国、数字中国。"面向党的十九届五中全会提出的2035年基本实现"新四化"的目标要求，必须坚定不移推动制造强国、质量强国、网络强国和数字中国建设。党和国家对我国经济发展的重大决策引领着中国制造的方向，也深刻地影响和改变着我们的学习和生活。比如，身在广州的同学可以去白云区5号停机坪近20米高的天猫汽车无人贩卖机大楼体验新零售的科技感，身处芜湖的

同学能感受到新能源汽车产业的集聚发展对学校专业知识的全面颠覆。制造中国的"三步走"战略方针如图 0-1-2 所示。

图 0-1-2　制造中国的"三步走"战略方针

（二）中国制造的方向

习近平总书记强调："创新是社会进步的灵魂，创业是推动经济社会发展、改善民生的重要途径。青年学生富有想象力和创造力，是创新创业的有生力量。"当前形势下，创业依然是经济增长的主要动力源，对于经济高质量发展和大学生职业发展仍然具有重要意义。加强双创教育，是推进高等教育综合改革、提高人才培养质量的重要举措。广大青年学生要着眼于国家和发展的需要，传承劳模精神、劳动精神、工匠精神，积极投身双创工作的火热实践中。

1. 在职业学习中传承劳模精神、劳动精神、工匠精神

2020 年 11 月，习近平总书记在全国劳动模范和先进工作者表彰大会上指出："劳模精神、劳动精神、工匠精神是以爱国主义为核心的民族精神和以改革创新为核心的时代精神的生动体现，是鼓舞全党全国各族人民风雨无阻、勇敢前进的强大精神动力。"广大青年传承劳模精神，学先进赶先进，才能将创新创业工作做到极致。广大青年只有发扬劳动精神，将辛勤劳动、诚实劳动、创造性劳动作为自觉行为，才能闯出一片创业新天地。工匠精神让制造业纵向发展，广大青年只有发扬工匠精神，才能在激烈的市场竞争中立足潮头。劳模精神、劳动精神和工匠精神之间的相互关系如图 0-1-3 所示。

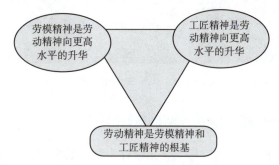

图 0-1-3　劳模精神、劳动精神和工匠精神之间的相互关系

2. 在专业学习中投身双创浪潮

2017 年，习近平总书记在给第三届中国"互联网+"大学生创新创业大赛"青年红色筑梦之旅"的大学生的回信中指出，"希望你们扎根中国大地了解国情民情，在创新创业中增长智慧才干，在艰苦奋斗中锤炼意志品质，在亿万人民为实现中国梦而进行的伟大奋斗中实现人生价值，用青春书写无愧于时代、无愧于历史的华彩篇章。"当前，互联网创新发展与新工业革命正处于历史交汇期，大学生创新思维活跃，而国家和社会为双创工作提供肥沃土壤，大学生们正赶上实现创新创业的好时代（如图 0-1-4 所示）。

图 0-1-4　大学生创业的扶持政策

大赛练本领，大学生应当积极关注、参与各类创新创业赛事。中国国际大学生创新大赛、"创青春"等赛事为大学生优秀创业项目提供了资金、政策、融资、商业合作以及宣传推广等支持，孕育出大批年轻创客。实践长才干，大学生应当积极参与创新创业学习和训练，参加各类实践活动（如图 0-1-5 所示）。

图 0-1-5　大学生创业的机遇

二、社会主义核心价值观是双创工作的指明灯

党的二十大报告提出："弘扬以伟大建党精神为源头的中国共产党人精神谱系，用好红色资源，深入开展社会主义核心价值观宣传教育，深化爱国主义、集体主义、社会主义教育，着力培养担当民族复兴大任的时代新人。"

（一）社会主义核心价值观为双创工作指明了方向

大学生在实际创业过程中存在着自主创业的科技含量低、缺乏合作意识，经营过程中存在"风险意识"不够、遇到挫折容易退缩、违背商业信用等行为（如图0-1-6所示）。社会主义核心价值观中的"爱国、敬业、诚信、友善"是公民基本道德规范，覆盖社会道德生活的各个领域。社会主义核心价值观为大学生双创工作指明了方向。

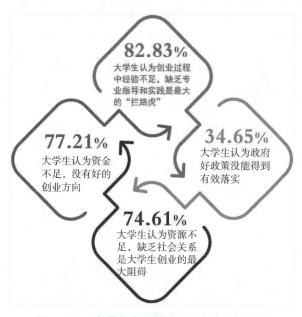

图0-1-6　大学生在实际创业过程存在的问题

（二）用社会主义核心价值观引领双创工作

党的二十大报告指出："培育创新文化，弘扬科学家精神，涵养优良学风，营造创新氛围。"社会主义核心价值观和创新创业教育相互联系，相互促进。社会主义核心价值观的教育，指引大学生在创业过程中正确处理个人与国家、个人与社会、个人与职业、自我与他人、义与利之间的相互关系，培育大学生的家国情怀、职业道德，增强大学生的社会责任感和团队协作意识，提升大学生人文素养，坚定大学生文化自信。大学生要自觉践行社会主义核心价值观，把个人奋斗融入实现中国梦的进程中，才能行稳致远（如图0-1-7所示）。

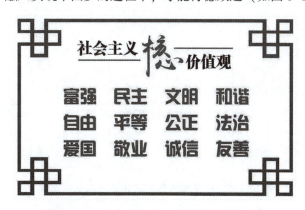

图0-1-7　社会主义核心价值观的基本内容

三、中华优秀传统文化是双创教育的文化源泉

党的二十大报告指出："坚守中华文化立场，提炼展示中华文明的精神标识和文化精髓，加快构建中国话语和中国叙事体系，讲好中国故事、传播好中国声音，展现可信、可爱、可敬的中国形象。"中华优秀传统文化源远流长，其中蕴含的家国情怀、价值观念、人文精神为现代市场经济道德和双创教育提供了文化源泉（如图0-1-8所示）。

图 0-1-8　中华优秀传统文化的内核

正如习近平总书记所说："对传统文化中适合于调理社会关系和鼓励人们向上向善的内容，我们要结合时代条件加以继承和发扬，赋予其新的涵义。"中华传统文化中蕴含的和谐思想、爱国情怀、诚信及法治思想为双创教育提供了思想源泉，大学生在双创实践中要根据形势和自身需要，充分挖掘和利用中华优秀传统文化中的智慧（如图0-1-9所示）。

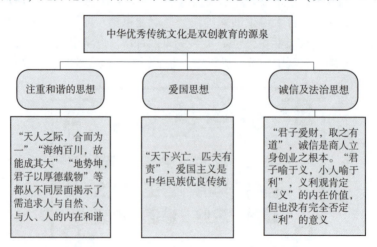

图 0-1-9　中华优秀传统文化蕴含的双创智慧

四、双创教育服务职业生涯规划

双创教育是一种指引大学生走向成才和成功的教育，有利于全面开发大学生的潜能，培养大学生创新思维方式和专业、交际、管理等综合技能，帮助大学生科学进行职业生涯规划，促进大学生全面发展。

（一）双创教育与职业生涯规划的关系

对创新创业的认知和践行是大学生综合素质体现的重要内容，是大学生全面发展，实现自我价值的基本要求。大学生创业能力与就业能力是相互促进的（如图0-1-10所示）。通过双创教育，鼓励大学生开拓创新，学习自主择业、自谋职业的方法和途径，科学规划职业发展，提高生存能力和社会竞争力，成就幸福人生。

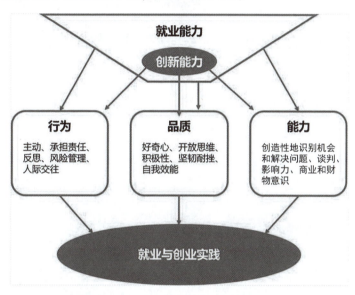

图0-1-10 就业与创业之间的相互关系

（二）高职学生创业规划

创业已成为高职毕业生流向社会的一种全新的就业方式。对于一个立志创业的高职学生来说，职业生涯规划与其创业规划具有相通之处，包含了解自我、明确创业目标、制订行动计划、开始行动四个步骤（如图0-1-11所示）。

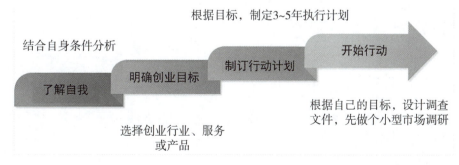

图0-1-11 创业规划的基本内容

（三）树立正确的创业观

树立正确的创业观，为自己铺就一条创业的平坦道路，对准备创业的高职院校学生来说十分重要。树立正确的创业观主要包含四个方面的内容，如图 0-1-12 所示。

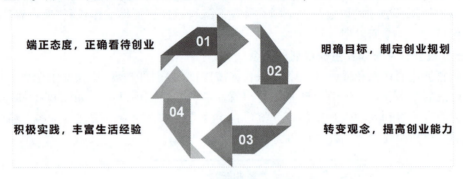

端正态度，正确看待创业

明确目标，制定创业规划

转变观念，提高创业能力

积极实践，丰富生活经验

图 0-1-12　正确的创业观的基本内容

第三部分 任务训练

任务编号		建议学时	1 学时
任务名称		小组成员姓名	

一、任务描述

1. 演练任务：制作中华优秀传统文化的双创智慧卡片。

2. 演练目的：让学生更进一步挖掘和利用中华优秀传统文化中的双创智慧，以便在创业过程中能够灵活运用。

3. 演练内容：中华优秀传统文化是双创教育文化的源泉，充分挖掘中华优秀传统文化的双创思想和元素有利于学生创业过程中少走弯路。分组搜集资料，凝练其中的双创元素及其指导意义，分类制作卡片，小组之间分享、汇报。

二、相关资源

1. 梁漱溟. 中国文化要义 ［M］. 上海：上海人民出版社，2018。

2. 刘啸. 一本书读懂中华商文化 ［M］. 北京：中国商业出版社，2018。

三、任务实施

1. 阅读教师推荐的两本书。

2. 提炼中华优秀传统文化的双创元素和智慧，并分类制作卡片。

3. 小组之间分享卡片，相互传阅，以小组为单位进行汇报，分享在双创工作中如何灵活运用这些智慧。

四、任务成果

1. 获得的直接成果。

2. 获得的间接成果。

3. 个人体会（围绕任务陈述的观点）。

第四部分　任务评价

班级：　　　　　　　　　　　　姓名：

序号	评价内容		配分	学生自评	学生互评/小组互评	教师评价
1	平时表现	1. 出勤情况。 2. 遵守纪律情况。 3. 学习任务完成情况，有无提问与记录。 4. 是否主动参与学习活动情况。	30			
2	创业知识	1. 了解中国核心文化的含义。 2. 了解社会主义核心价值观的含义与作用。 3. 了解中国优秀传统文化对创新创业教育的作用。	20			
3	创业实践	撰写一份社会主义核心价值观对创新创业教育发挥重要作用的感想。	30			
4	综合能力	1. 能否使用文明礼貌用语，有效沟通。 2. 能否认真阅读资料，查询相关信息。 3. 能否与组员主动交流、积极合作。 4. 能否自我学习及自我管理。	20			
总分			100			
教师评语					日期：　　年　　月　　日	

第五部分 活页笔记

记录时间		指导教师姓名	
主要知识点： 1. 2. 3. 4. 5.			
重点难点： 1. 2. 3.			
学习体会与收获： 1. 2. 3.			

第六部分　参考文献

［1］李书民．大学生创业教育［M］．长春：吉林大学出版社，2016.

［2］马振峰．创造未来——大学生创新创业教程［M］．上海：同济大学出版社，2017.

［3］郭美斌，文丽萍．大学生创新创业理论与实训教程［M］．长春：吉林大学出版社，2015.

［4］习近平．高举中国特色社会主义伟大旗帜　为全面建设社会主义现代化国家而团结奋斗——在中国共产党第二十次全国代表大会上的报告［EB/OL］.（2020-10-26）. http://paper.people.com.cn/rmrb/html/2022-10/26/nw.D110000renmrb_20221026_3-01.htm.

［5］习近平：在全国劳动模范和先进工作者表彰大会上的讲话［EB/OL］.（2020-11-24）. https://baijiahao.baidu.com/s？id=1684257099723401202&wfr=spider&for=pc.

第七部分　思考与练习

【教学资料】

课程视频

课件资料

项目 一

认知商业计划书

知识目标

1. 了解商业计划书的作用与分类；
2. 掌握商业计划书的框架结构；
3. 掌握商业计划书的撰写方法。

能力目标

1. 能对企业问题提出创新解决方案；
2. 能将问题解决过程撰写为商业计划书，并掌握各要素的主次关系；
3. 能就某企业的案例撰写一份完整的商业计划书，并对关键信息进行提炼。

素质目标

1. 养成追求科学思维、勇于创新的良好习惯；
2. 培养通过完整商业计划书呈现问题解决方案的意识；
3. 培育创新意识、激发创造能力、强化创业价值引导。

重点难点

1. 商业计划书完整结构的构建；
2. 商业计划书的写作。

知识导图

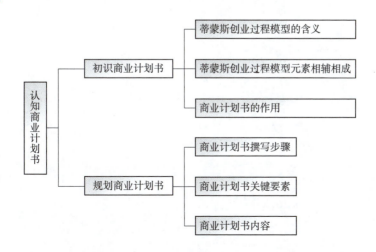

情境案例导入

沉重的商业计划

2015 年 8 月 13 日，夏威夷海滩晴空万里，海边有一对年轻人正在放风筝。突然手机铃声急促地响起，李灵艳一看手机号码，是从国内打来的国际长途。她悠闲地接起电话，电话那头传来母亲急促且有哭腔的声音："小艳，你爸爸脑溢血了，病危，快点回来吧！"

原来李灵艳是深圳市智童中央厨房科技公司董事长李解放唯一的女儿，今年刚好毕业。男朋友陈浩也刚从哈佛大学工商管理博士毕业，已经在美国一家上市公司找到了工作，他们原来打算今年结婚，并想留在国外发展，不想回国。

接到电话后，李灵艳表情凝重，眼泪直流，男朋友陈浩见状，马上问她怎么回事，她含泪说道："我爸爸病了，我要回国。"然后他们商量下一步的打算。

陈浩和李灵艳分析了留在国外谋求自身发展，还是回国继承家族企业的利弊后，认为：一是父亲及家族需要他们回国；二是国内经济正值高速发展时期，社会稳定，具有较好的发展前景。经思想斗争后他们决定回国。

回国后，李灵艳父亲已经不能说话，其母亲又无从商经验，千斤重担马上落到这两个年轻人身上。陈浩从小聪明过人，具有较强的商业头脑，此时深圳市智童中央厨房科技公司正处于向高科技型公司的转折期，一向不服输的他心里暗下决定：一定要不惧竞争，优化企业策略，重振公司业绩。

陈浩和李灵艳两人召集市场人员进行深入细致的市场调研，通过集体讨论，开始着手撰写一份商业计划书，系统地对公司的商机、团队、资源进行系统分析，共包括八章：第一章公司现状分析；第二章市场及竞争对手分析；第三章风险与机遇分析；第四章问题分析；第五章解决当前问题的有效途径；第六章未来 2 年的工作规划；第七章未来 2 年各分公司的工作绩效考核指标；第八章应急预案。这为他们后续有序创业奠定了坚实的基础。

创新创业名句

不打无准备之仗，不打无把握之仗。

——毛泽东

任务一　初识商业计划书

第一部分　任务发布

任务描述：陈浩和李灵艳回国继承家族企业，他们需要撰写商业计划书，但他们对商业计划书不了解，需要识别合格的商业计划书的内容。

任务分析：商业计划书主要围绕项目本身、发展战略、市场营销、财务分析及团队管理来撰写。撰写的时候需要多站在评审、投资者的角度，不可泛泛而谈，顾客、市场、竞争、收入等分析应该确保数据的相对真实性。

任务实施：在整个商业模式中，最为关键的是选准标靶——客户需求。根据一系列学习，能清晰地知道什么样的商业计划书才是合适的，以何种方式为哪些客户提供什么样的价值。

第二部分　知识学习

一、蒂蒙斯创业过程模型的含义

党的二十大报告要求："培育创新文化，弘扬科学家精神，涵养优良学风，营造创新氛围。"创新成果需要产业化，需要用商业计划书来进行评价。蒂蒙斯创业过程模型是商业计划书的核心内容，它是一种商业模型，包含商机、团队、资源等要素（如图1-1-1所示）。创始人或团队在推进业务的过程中、在模糊和不确定的动态创业环境中，要具有创造性地捕捉商机、整合资源、构建战略、解决问题的能力，要勤奋工作。

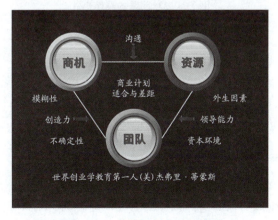

图1-1-1　蒂蒙斯创业过程模型

1. 机会

根据蒂蒙斯创业过程模型，商业机会是创业过程的核心驱动力，是创业的核心。它与市场规模密切相关，市场规模越大，机会之窗打开得越大，但由于市场规模的有限性，机会之窗也会慢慢地关闭（如图 1-1-2 所示）。

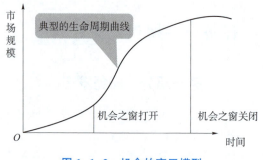

图 1-1-2　机会的窗口模型

2. 团队

蒂蒙斯创业过程模型认为创始人或团队是创业过程的主导者，团队背景，尤其是团队成员过往的核心业绩在创业过程中特别重要，他们需要捕捉商机、整合资源、投入商机以进行转化，推动团队的成功（如图 1-1-3 所示）。

图 1-1-3　团队的展示形式

3. 资源

根据蒂蒙斯创业过程模型，资源是创业成功的必要保证。资源可以构建出商业生态模式（如图 1-1-4 所示），包括原型、业务模式、个性价值管理、生态圈设计与整合、完善设计与体系建设等，内容包括企业的经营目标、产品、竞争壁垒、合作模式、企业标准化、业务系统等，为企业规范运营提供全方位的后盾。

二、蒂蒙斯创业过程模型元素相辅相成

蒂蒙斯创业过程模型三要素间相辅相成：商机是创业过程的核心驱动力，团队是创业过程的主导者，资源是创业成功的必要保证；创业过程是商机、团队和资源三个要素匹配和平衡的结果；创业过程是一个连续不断的寻求平衡的行为组合。资源的获得模式如图 1-1-5 所示。

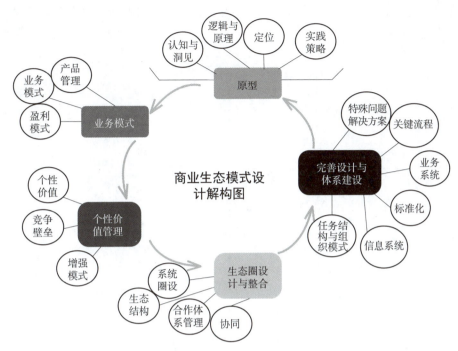

图 1-1-4　基于资源的商业生态模式设计解构图

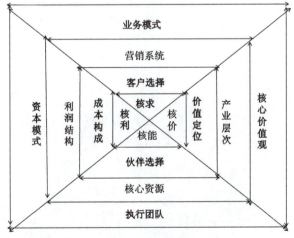

图 1-1-5　资源的获得模式

商业计划书（Business Plan）对外是拿风投、引合伙、谈合作的工具，对内则是对项目科学地调研、分析，搜集与整理有关资料，预测企业未来的机遇与风险，并做好未来行动和发展规划的蓝图。

1. 商业沟通

一份完整成熟的商业计划书起到商业沟通的作用（如图 1-1-6 所示），它介绍企业的价值、公司的成长历史、未来的成长方向和愿景、潜在盈利能力等，从而吸引投资、信贷、员工、战略合作伙伴。

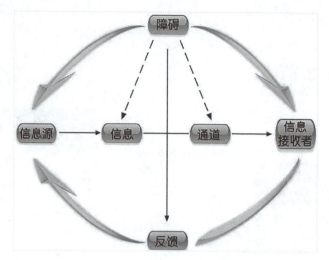

图1-1-6　商业沟通过程结构

2. 企业管理

商业计划书是一个企业管理工具，促进企业管理者冷静地面对市场、认真地分析项目的可行性，掌握企业的战略层、主营业务层、经营管理模式层、支撑体系层、企业文化层等多方面状态（如图1-1-7所示），增加企业成功运营的概率。

图1-1-7　企业整体结构

3. 商业计划书的类型

商业计划书大致可以分为八种不同的类型，即创业计划书、项目计划书、商业策划书、招商计划书、私募计划书、并购计划书、合作计划书、商业企划书等（如图1-1-8所示）。

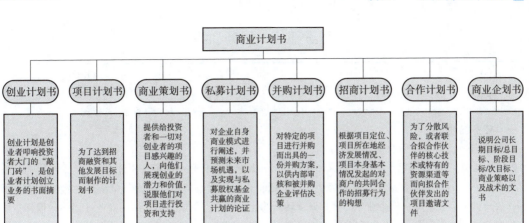

图 1-1-8 商业计划书的类型

第三部分　任务训练

任务编号		建议学时	1 学时
任务名称		小组成员姓名	

一、任务描述

1. 演练任务：寻找一份合格的商业计划书。

2. 演练目的：学会搜索一份合格的商业计划书，并判断商业计划书的撰写质量。

3. 演练内容：在智能制造的发展趋势下，一个纸箱企业正面临转型期，面对市场优胜劣汰的竞争规则，公司董事会决定写一份企业生产模式升级转型的优化策略，重振公司业绩的商业计划书。请你指出这份商业计划书所属类别，应该包含哪些内容要素。请你试着找一份参考的商业计划书。

二、相关资源

1. ［美］杰弗里·蒂蒙斯，小斯蒂芬·斯皮内利. 创业学 ［M］. 6 版. 周伟民，吕长春，译. 北京：人民邮电出版社，2005。

2. 李家华. 创业基础 ［M］. 北京：北京师范大学出版社，2013。

三、任务实施

1. 扫描右侧的二维码，了解商业计划书的结构。

2. 判别此商业计划书的元素是否完整，并对其商机、团队、资源进行分析，说明其关键的特色。

3. 选择一个小组在班级中分享。

四、任务成果

1. 获得的直接成果。

2. 获得的间接成果。

3. 个人体会（围绕任务陈述的观点）。

第四部分　任务评价

班级：　　　　　　　　　　　姓名：

序号	评价内容		配分	学生自评	学生互评/小组互评	教师评价
1	平时表现	1. 出勤情况。 2. 遵守纪律情况。 3. 有无提问与记录。	30			
2	创业知识	1. 了解蒂蒙斯创业过程模型的含义。 2. 了解商业计划书的定义与作用。	20			
3	创业实践	获得的成果丰富，且质量较高。	30			
4	综合能力	1. 能否认真阅读资料，查询相关信息。 2. 能否与组员主动交流、积极合作。 3. 能否自我学习及自我管理。	20			
总分			100			
教师评语						

日期：　　年　　月　　日

第五部分　活页笔记

记录时间		指导教师姓名	

主要知识点：

1.

2.

3.

4.

5.

重点难点：

1.

2.

3.

学习体会与收获：

1.

2.

3.

第六部分 参考文献

［1］杰弗里·蒂蒙斯，小斯蒂芬·斯皮内利. 创业学［M］. 周伟民，吕长春，译. 北京：人民邮电出版社，2005.

［2］李书民. 大学生创业教育［M］. 长春：吉林大学出版社，2016.

［3］马振峰. 创造未来——大学生创新创业教程［M］. 上海：同济大学出版社，2017.

［4］郭美斌，文丽萍. 大学生创新创业理论与实训教程［M］. 长春：吉林大学出版社，2015.

［5］QU S H. Research on Innovation and Entrepreneurship Education of College Students Driven by Competition［J］. American Journal of Education and Information Technology，2021,1(5)：37-42.

［6］高麦玲，蔡胜男. 后疫情时代高校创新创业教育影响因素［J］. 继续教育研究，2022(6)：69-73.

［7］YANG Q X，DU X F，ZENG Y X. Exploration of Innovation and Entrepreneurship Education Mode Based on Subject Competition［J］. Modem Business Trade Industry，2020(11):86-88.

［8］WANG G L，WANG Z G，CHENG R. Exploration into the Pattern of Innovation and Entrepreneurship Education Based on Subject Contest：A Case Study of College of Electrical Engineering of Anhui Polytechnic University［J］. China Modern Education，2020(11)：136-138.

［9］钟雁平. 高职院校大学生创新创业教育的问题及改革策略探讨［J］. 创新创业理论研究与实践，2020，3(6)：62-63.

第七部分 思考与练习

【教学资料】

课程视频

课件资料

创新创业名句

采用原始创新去开发新技术，而原始创新要有科学技术知识的积累。

——闵恩泽

任务二　规划商业计划书

第一部分　任务发布

任务描述：规划好一个商业计划书是吸引投资者和市场的重要因素。陈浩和李灵艳需要撰写一份详细的商业计划书向投资者推介自己的产品。

任务分析：商业计划书需要包括项目背景、市场分析、产品与服务、商业模式、营销与推广、团队组成与分工、财务预算与融资需求、风险评估与应对策略等八个方面。

任务实施：确定商业计划书的撰写目的，确定商业计划书的读者对象，搜集所需的信息资料，针对挖掘商机、组建团队、获取资源三要素设计框架，进行撰写。

第二部分　知识学习

一、商业计划书撰写步骤

商业计划书是一个创业项目的发展蓝图和行动纲领，是企业或项目单位为达到招商、融资、寻找合作伙伴及其他发展目标，根据一定的格式和内容要求，撰写的一份全面展示企业和项目目前状况、未来发展潜力的书面材料。创新创业的本质是解决问题，商业计划书就是一套完整的问题解决方案。一份高质量的计划书是创业项目成功的第一步。

商业计划书的撰写可以按以下步骤进行，如图1-2-1所示。

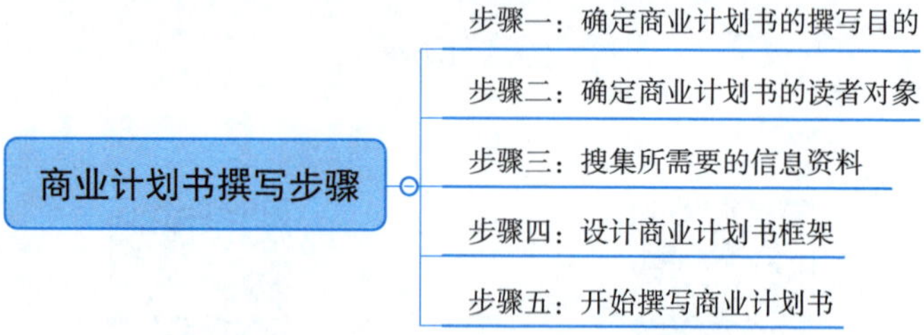

图1-2-1　商业计划书撰写步骤

1. 确定商业计划书的撰写目的与读者对象

商业计划书的撰写目的一是吸引投资者并成功获取资金资源，二是用于公司内部的项目建议书，便于明确项目的战略规划，便于实施管理。因此，明确商业计划书的读者对象是撰写至关重要一步，撰写目的应与读者对象始终保持一致的关注点（如图1-2-2所示）。

2. 搜集所需要的信息资料

充足的信息资料将有助于撰写者完成一份分析透彻、论据充分、内容丰富的商业计划书。因为商业计划书的涵盖面很广，撰写者需要各个构成要素的信息资料。而且商业

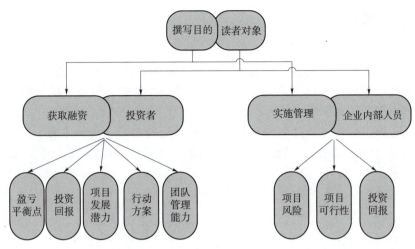

图 1-2-2 商业计划书的撰写目的与读者对象的关注点

环境分析、竞争性分析、目标市场定位以及项目的可行性等关键性内容都需要充分的数据、信息来强力支撑。因此信息资料的搜集与准备，也是商业计划书撰写过程中的关键步骤（如图 1-2-3 所示）。

图 1-2-3 商业计划书信息搜集流程

3. 设计商业计划书框架

商业计划书框架并无固定形式的内容结构，可根据项目需求进行设计，目标是充分体现创业项目的特色（如图 1-2-4 所示）。

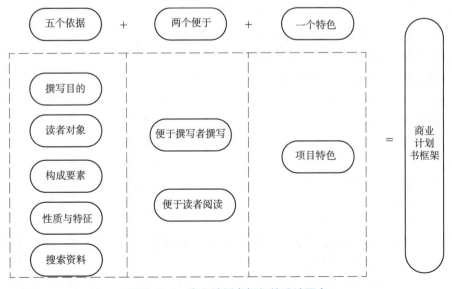

图 1-2-4 商业计划书框架的设计要点

二、商业计划书关键要素

1. 要素分析

商业模式中有九大关键要素，包括客户细分、客户关系、价值主张、关键业务、重要伙伴、成本结构、核心资源、渠道通路、收入来源。各要素按照一定的顺序发挥着作用，因此撰写计划书要厘清各要素之间的关系。

第一步，了解目标用户群（客户细分），确定他们的需求（价值主张）；第二步，思考如何接触到客户（渠道通路），再根据客户定制业务（关键业务）；第三步，考察产品盈利能力（收入来源），总结并巩固优势（核心资源）；第四步，做好财务预测（成本结构），寻找合作伙伴（重要伙伴），以及维护（客户关系）。

我们可以运用商业模式画布进行具体分析，如图1-2-5所示。

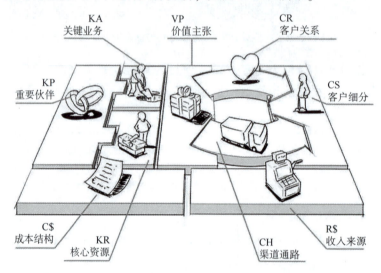

图1-2-5 商业模式画布

（1）客户细分（CS）：产品的核心客户群体。

（2）客户关系（CR）：产品和客户的关系。

（3）价值主张（VP）：产品能提供给核心客户的核心价值、核心需求。

（4）关键业务（KA）：制造产品、问题解决、平台等。

（5）重要伙伴（KP）：商业链路上的伙伴，如产品方和渠道方。

（6）成本结构（C$）：创造产品的投入资源，资金、人力等。

（7）核心资源（KR）：资金、人才、技术、渠道。

（8）渠道通路（CH）：如何将产品送达给客户。

（9）收入来源（R$）：产品的收益方式，如流量变现、游戏、电商。

2. 要素分类

撰写计划书时，要根据商业计划书的结构来具体说明。一份好的商业计划书应包含以下基本要素，即"2H6W"（如图1-2-6所示）。

"How to do"即商业计划书中要体现你打算怎么做。"How much"即在商业计划书中一定要讲清楚资金问题。"Why"即为什么要做这个项目。"Where"即开展这个项目的必要市场在哪里。"Which"即行业里的竞争对手以及彼此差异有哪些。"What"即项目运营时呈现的产品是什么。"When"即项目实施过程中的各时间节点。"Who"即说明谁在做这个项目、团队优势如何。设计商业计划书时可从下往上推导,亦可从上往下推导。

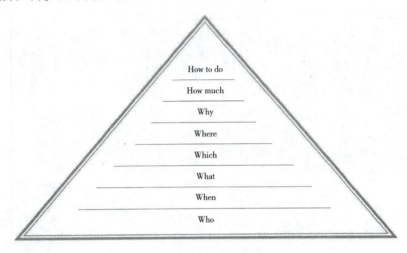

图1-2-6 商业计划书基本要素

三、商业计划书内容

1. 内容要点

商业计划书是为了吸引和说服投资人投资,其内容要点如图1-2-7所示。它对外是为了让投资人提前沟通,提前了解企业,省去投资人大量的面对面沟通时间而出现的一种商业信息载体;对内是让企业厘清成长思路的蓝图。

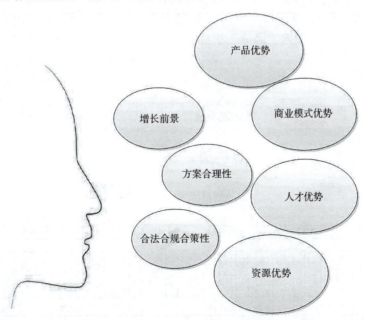

图1-2-7 商业计划书内容要点

2. 内容分类

商业计划书没有一定的格式,每个模块顺序及存在与否并不是固定的,撰写者应根据项目特点灵活设计。商业计划书内容可简单划分为三大类：事（内、外），人，钱（如图 1-2-8 所示）。

图 1-2-8　商业计划书内容分类

3. 内容结构

商业计划书内容从结构上分析，包括引导内容、核心内容、结尾内容三大部分，总共涵盖十一个方面（如图 1-2-9 所示）。其中，引导内容讲述项目概况；核心内容包含挖掘商机、组建团队、获取资源三大要素，涵盖了项目背景、产品分析、商业模式、创业团队、财务规划、重要资源、风险与对策、战略规划等八个方面内容；结尾内容则突显教育维度以及带动就业等方面的贡献。

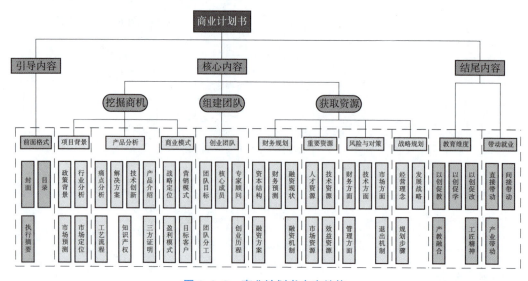

图 1-2-9　商业计划书内容结构

第三部分　任务训练

任务编号		建议学时	1 学时
任务名称		小组成员姓名	

一、任务描述

1. 演练任务：撰写一份合格的商业计划书。

2. 演练目的：学会撰写一份合格的商业计划书，要求计划书具备完整的结构与要素。

3. 演练内容：陈浩和李灵艳需要针对他们公司的中央厨房产品撰写一份详细的商业计划书向投资者推介自己的产品。商业计划书需要包括项目背景、市场分析、产品与服务、商业模式、营销与推广、团队组成与分工、财务预算与融资需求、风险评估与应对策略等八个方面。

二、相关资源

1. 朱素阳．大学生创新创业大赛商业计划书设计关键技术研究［J］．文化创新比较研究，2019，3（34）：190-191。

2. 吴亚梅，龚丽萍．大学生创新创业教程［M］．重庆：重庆大学出版社，2018。

三、任务实施

1. 根据任务二里的知识学习内容，商定商业计划书的结构。

2. 对智能家居控制系统的"内事"（优势）、"外事"（商机）、"人"（团队）、"钱"资源进行分析，撰写商业计划书。

3. 选择一个小组在班级中分享。

四、任务成果

1. 获得的直接成果。

2. 获得的间接成果。

3. 个人体会（围绕任务陈述的观点）。

第四部分　任务评价

班级：　　　　　　　　　　　姓名：

序号	评价内容		配分	学生自评	学生互评/小组互评	教师评价
1	平时表现	1. 出勤情况。 2. 遵守纪律情况。 3. 学习任务完成情况，有无提问与记录。 4. 是否主动参与学习活动情况。	30			
2	创业知识	1. 掌握商业计划书的框架结构。 2. 了解商业计划书的撰写原则。 3. 掌握商业计划书的正文内容。	20			
3	创业实践	根据案例撰写一份完整的商业计划书。	30			
4	综合能力	1. 能否从长篇幅的文书中提炼关键信息。 2. 能否形成通过商业计划书呈现问题解决方案的意识。 3. 能否针对商业计划书提出修改意见。	20			
总分			100			
教师评语						

日期：　　　年　　　月　　　日

第五部分　活页笔记

记录时间		指导教师姓名	

主要知识点：

1.

2.

3.

4.

5.

重点难点：

1.

2.

3.

学习体会与收获：

1.

2.

3.

第六部分　参考文献

［1］YANG B. Relying on Subject Competition to Promote the Cultivation of Students Apos：Innovation and Entrepreneurship Ability［J］. Education Modernization，2020，7（69）：44-47.

［2］BARROW C，BARROW P，BROWN R. Business Plan Workbook：A Step-By-Step Guide to Creating and Developing a Successful Business［M］. Kogan Page：2020.

［3］GRIT R. Making a Business Plan［M］. Taylor and Francis：2019.

［4］朱素阳. 大学生创新创业大赛商业计划书设计关键技术研究［J］. 文化创新比较研究，2019，3（34）：190-191.

［5］罗晨，魏巍. 提高大学生创业融资能力的关键工具——商业计划书的编写［J］. 中国高新技术企业，2013（4）：158-160.

［6］吴亚梅，龚丽萍. 大学生创新创业教程［M］. 重庆大学出版社，2018.

［7］劳伦斯·F. 洛柯，维涅恩·瑞克·斯波多索，斯蒂芬·J. 斯尔弗曼. 如何撰写研究计划书［M］. 朱光明，李莫武，译. 5 版. 重庆：重庆大学出版社，2009.

第七部分　思考与练习

【教学资料】

课程视频

课件资料

【拓展资料】

项 目 二

挖掘商业机会

知识目标

1. 了解商业机会获取的来源；
2. 掌握创业常见技法；
3. 掌握构建商业模式的方法；
4. 了解创业机会的来源，会识别创业风险；
5. 了解企业运营的流程。

能力目标

1. 运用国家创新创业政策支持寻找创业机会；
2. 运用商业痛点分析寻找商业机会；
3. 运用相关方法构建商业模式；
4. 学会利用创业机会，识别创业风险；
5. 具备运营企业的能力。

素质目标

1. 培养大学生创新创业的意识；
2. 提高大学生创新创业的能力。

重点难点

1. 挖掘商业机会；
2. 构建商业模式。

知识导图

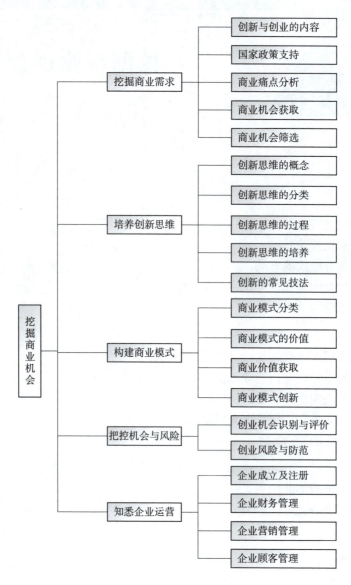

情境案例导入

科技驱动：合作与爱情的双重考验

陈浩和李灵艳意识到，在科技日新月异的时代，要实现公司向高科技公司转型，必须紧跟国家政策，积极挖掘商机。他们将目光投向了公司的最大客户——深圳市瑞宏芯片科技有限公司。

一个阳光明媚的上午，陈浩、李灵艳和深圳市瑞宏芯片科技有限公司总经理江军鹏相聚在一间雅致的会议室里，窗外的微风轻拂着树叶，带来阵阵清新的气息。陈浩率先开口，称赞江军鹏的企业，并指出工业 4.0 和智能制造是未来的发展方向。李灵艳也表示对国家政策的关注，并提出个性化需求和高品质服务的增长趋势。江军鹏微笑点头，深表赞同。

陈浩和李灵艳相视一笑，他们的眼中闪烁着对未来合作的热切期待和坚定信心。陈浩说："我们可以在芯片技术、智能制造等领域进行深入合作，共同研发新技术，满足市场需求。"李灵艳补充道："我们还可以共享资源，降低风险。通过联合推广产品，打造独特的品牌形象，提高市场份额和品牌影响力。"

此时，阳光透过窗户洒在他们的脸上，映照出他们对未来合作的热切期待和坚定信心。

江军鹏兴奋地站起身来，说："对！我们还可以探索创新商业模式，提高竞争优势。比如，共同开发智能家居、适老产品等多元化产品，满足不同消费者的需求。"

这场对话让三人对未来的合作充满了期待，他们决定成立一个专项小组，进一步商讨合作细节，制定具体的执行方案。

然而，命运的无常却给李灵艳带来了沉重的打击，她的父亲突然病逝，让她陷入了深深的悲痛之中。此时，李灵艳和陈浩的爱情也遭遇了前所未有的考验。江军鹏与李灵艳自幼相识，可谓青梅竹马，他的出现，让陈浩感到了前所未有的压力。在困惑和紧张中，陈浩决定与李灵艳坦诚相待。他们探讨如何处理彼此的关系，以保持彼此的信任和尊重。通过坦诚的对话，两人更加坚定了对彼此的感情。

创新创业名句

苟日新，日日新，又日新。

——《盘铭》（商）商汤

任务一 挖掘商业需求

第一部分 任务发布

任务描述：陈浩和李灵艳意识到，要实现公司向高科技公司转型，必须紧跟国家政策，找准时机。目前，陈浩和李灵艳需要根据公司目前的状况，寻找新的商业机会。

任务分析：在创业过程中，商业痛点分析是非常关键的一步。找不准商业痛点，有可能会偏离企业最好的发展方向。商业痛点是指企业在运营和发展过程中所面临的问题、挑战或困境，这些问题可能阻碍企业的发展或降低其运营效率。

任务实施：分析公司目前在产品科技转型过程中存在的痛点，提出关键技术路线，获得解决方案和成熟产品。

第二部分 知识学习

一、创新与创业的内容

（一）创新的定义

国外最早提出"创新"是在经济学领域，由约瑟夫·熊彼特首次提出"创新"的理论。他认为，"创新就是建立一种新的生产函数"。可以看出，熊彼特的核心思想是经济因创新而得到发展。心理学对"创新"的研究一般是"创造"和"创造力"的研究，大致分为四种，如表 2-1-1 所示。

表 2-1-1 心理学上对"创新"的定义

理论视角	定义
人格特质论	创新是在某些特殊类型的人身上所具有的一种人格特质或一种内化的人格品质
过程论	创新是建立在认知的基础上，对已知信息进行再加工的过程，是个体创造活动的过程
结果论	创新是创造性思维的结果，是个体创造活动的成果
能力论	创新就是一种创造的能力

（二）创业的定义

"创业"在英语中有两种不同的表述方式，一是"Venture"，另一种是"Entrepreneurship"。奈特最早对创业进行界定，他认为能够成功地预测未来的能力就是创业。学者们对"创业"定义的角度多从心理学、经济学和管理学三个学科视角进行界定（如表 2-1-2 所示）。创业是"机会、资源、团队"三大要素的结合和有效链接。

表 2-1-2 多学科对"创业"的定义

学科视角	定义
心理学	Kuratko、Hornsby 和 Naffziger 认为创业是受外在的奖励、独立的需求、内在激励和家庭安全的影响
经济学	Stevenson 提出创业是探寻机会，整合不同的资源，开发和使用机会，实现创造价值的过程
管理学	美国著名管理学家 Drucker 认为创业不是个人性格特征，而是一种行为，是经过合理组织的系统性的工作，能够创造出新价值的活动

（三）创新与创业之间的关系

创新与创业两者之间相辅相成。人类靠创新不断地推出新的职业和行业，靠创新把各种职业不断提升到新的高度。而创业不断实现创新的意义，达到创新的目的，又反过来促进人类不断创新（如图 2-1-1 所示）。

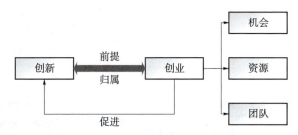

图 2-1-1 创新与创业之间的关系

二、国家政策支持

近些年从中央到各级地方政府，都出台了扶持政策，涉及创新创业指导、企业开办、税收优惠、贷款支持、落户支持、创新创业教学改革、学籍管理等多方面，以支持大学生的创新创业（如表 2-1-3 所示）。

表 2-1-3 国家层面对创新创业的支持政策

名称	网址	目的
《国务院办公厅关于深化高等学校创新创业教育改革的实施意见》（国办发〔2015〕36 号）	http：//www.ncss.org.cn/tbch/glzcdx-scxcywjhb/gwy/291052.shtml	形成一批可复制可推广的制度成果，普及创新创业教育，实现新一轮大学生创业引领计划预期目标
《国务院办公厅关于支持返乡下乡人员创业创新促进农村一二三产业融合发展的意见》（国办发〔2016〕84 号）	http：//www.gov.cn/zhengce/content/2016-11/29/content_5139457.htm	在《国务院办公厅关于支持农民工等人员返乡创业的意见》（国办发〔2015〕47 号）和《国务院办公厅关于推进农村一二三产业融合发展的指导意见》（国办发〔2015〕93 号）的基础上，为进一步细化和完善扶持政策措施，鼓励和支持返乡下乡人员创业创新

名称	网址	目的
《国务院关于强化实施创新驱动发展战略进一步推进大众创业万众创新深入发展的意见》（国发〔2017〕37 号）	http：//www. gov. cn/zhengce/content/2017-07/27/content_5213735. htm	进一步系统性优化创新创业生态环境，强化政策供给，突破发展瓶颈，充分释放全社会创新创业潜能，在更大范围、更高层次、更深程度上推进大众创业、万众创新
《国务院关于推动创新创业高质量发展打造"双创"升级版的意见》（国发〔2018〕32 号）	http：//www. gov. cn/zhengce/content/2018-09/26/content_5325472. htm	深入实施创新驱动发展战略，进一步激发市场活力和社会创造力，推动创新创业高质量发展，打造"双创"升级版
《国务院办公厅关于进一步支持大学生创新创业的指导意见》（国办发〔2021〕35 号）	http：//www. gov. cn/zhengce/content/2021-10/12/content_5642037. htm	提升大学生创新创业能力、增强创新活力，进一步支持大学生创新创业
《国务院办公厅关于进一步做好高校毕业生等青年就业创业工作的通知》（国办发〔2022〕13 号）	http：//www. gov. cn/zhengce/content/2022-05/13/content_5690111. htm	贯彻落实党中央、国务院决策部署，做好当前和今后一段时期高校毕业生等青年就业创业工作

（一）各部委层面

近些年各部委发布的有关创新创业教育的政策如表 2-1-4 所示。

表 2-1-4　各部委层面有关创新创业的政策

部门	名称	网址	目的
发改委	《国家发展改革委办公厅关于推广支持农民工等人员返乡创业试点经验的通知》（发改办就业〔2021〕721 号）	https：//www. ndrc. gov. cn/xxgk/zcfb/tz/202109/t20210918_1297129. html？code=&state=123	进一步放大试点示范效应，将试点典型经验予以推广
	《国家发展改革委等部门关于深入实施创业带动就业示范行动力促高校毕业生创业就业的通知》（发改高技〔2022〕187 号）	https：//www. ndrc. gov. cn/xxgk/zcfb/tz/202202/t20220211_1315434. html？code=&state=123	贯彻落实中央经济工作会议精神，进一步做好高校毕业生重点群体就业工作

部门	名称	网址	目的
人社部	《人力资源社会保障部 财政部 农业农村部关于进一步推动返乡入乡创业工作的意见》（人社部发〔2019〕129号）	http：//www. mohrss. gov. cn/xxgk2020/fdzdgknr/zcfg/gfxwj/jy/202001/t20200108_352969. html？keywords＝%E5%88%9B%E6%96%B0%E5%88%9B%E4%B8%9A	贯彻落实党中央、国务院的决策部署，进一步推动返乡入乡创业工作，以创新带动创业，以创业带动就业，促进农村一二三产业融合发展，实现更充分、更高质量就业
财政部	《关于进一步支持和促进重点群体创业就业有关税收政策的通知》（财税〔2019〕22号）	http：//szs. mof. gov. cn/zhengcefabu/201902/t20190202_3141331. htm	进一步支持和促进重点群体创业就业

（二）创新创业中的主要法律

大学生开展创新创业活动，必须要学习和了解相关法律法规，一方面依法开展创新创业实践，另一方面当面对法律风险时，能够有效地维护自身的合法权益。大学生在开展创新创业活动时需要熟悉的相关法律及其应用场景如表 2-1-5 所示。

表 2-1-5　相关法律及其应用场景

法律名称	应用场景
中华人民共和国专利法	保护创新成果
中华人民共和国公司法	企业注册经营及注销
中华人民共和国企业破产法	解决企业破产问题
中华人民共和国劳动法	规范劳动关系
中华人民共和国劳动合同法	规范劳动合同
中华人民共和国消费者权益保护法	保护消费者权益
中华人民共和国民事诉讼法	解决民事诉讼问题

三、商业痛点分析

痛点，顾名思义是用户在使用产品或服务时的抱怨点，哪里有痛点，哪里就有"新需求"。创业者在寻找商业痛点时，尤其要注意抓住用户的第一痛点，也就是最核心的痛点，在此基础上做出创新和突破，才可以赢得市场。比如戴森的电吹风正是因为抓住了电吹风伤头发这个痛点，打破了传统电吹风的模式和价格（如图 2-1-2 所示），从而赢得了市场的认可。

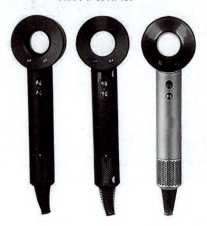

图 2-1-2　负离子护发吹风机

四、商业机会获取

（一）商机的定义

商业机会无论大小，从经济意义上讲一定是能由此产生利润的机会。商业机会表现为需求的产生与满足的方式在时间、地点、成本、数量、对象上的不平衡状态。旧的商业机会消失后，新的商业机会又会出现。没有商业机会，就不会有"交易"活动。

商业机会由四个要素组成，如图 2-1-3 所示。

图 2-1-3　商业机会的组成

在可以被宣称为商业机会之前，所有这些要素都是在同一时间内（机会之窗），最常在同一领域或地理位置内出现的。

（二）商业机会的来源

商业机会的来源主要有用户的需求、竞争者的缺陷、市场环境变化、新技术以及新的发明创造，如图 2-1-4 所示。

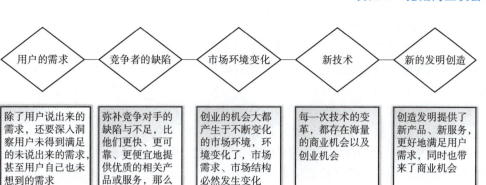

图 2-1-4 商业机会的来源

五、商业机会筛选

商业机会筛选应当是狭义上的机会识别，即从创意中筛选合适的机会。通过对整体的市场环境以及一般的行业分析来判断该机会是否在广泛意义上属于有利的商业机会；同时，考察这一机会对于特定的创业者和投资者来说是否有价值。

（一）影响商业机会筛选的因素

商业机会筛选受哪些因素影响，很多学者做过相关的研究，其中有四类因素是大多数学者普遍认可的影响因素，如表 2-1-6 所示。

表 2-1-6 影响商业机会筛选的因素

影响商业机会 筛选的因素	具体内容
先前经验	在特定行业中的先前经验有助于创业者筛选商业机会。在某个行业工作的个体相比其他个人，更容易识别出本行业未被满足的市场，如果投身于该行业创业，将比那些从行业外观察的人更容易看到行业内的新机会
认知因素	有些人认为，创业者有"第六感"，所以他们往往能看到别人看不到的机会。这是一种"警觉"。警觉很大程度上是一种习得性的技能。拥有某个领域更多知识的人，相比其他人对该领域内的机会更警觉
社会关系网络	社会关系网络能带来承载筛选机会的有价值信息，个人社会关系网络的深度和广度影响着机会识别和筛选。建立了大量社会与专家联系网络的人，比那些拥有少量网络的人容易得到更多机会和创意
创造性	创造性有助于产生新创意。从某种程度上讲，机会筛选也是一个创造过程，是不断反复的创造性思维过程。在获取大量信息的基础上，具有创造性思维的创业者会激发出更多的灵感和创意。这个创造过程是经过准备、孵化、洞察、评价和阐述五个阶段完成的

（二）商业机会筛选的内容

（1）特定商业机会的原始市场规模往往是极为有限的，因此，分析、判断某一商业机会的原始市场规模决定着新创企业最初阶段的投资活动可能实现的销售规模，决定着创业利润。

（2）特定商业机会存在的时间跨度。一般而言，特定商业机会存在的时间跨度越长，新创企业调整自己、整合市场、与他人竞争的操作空间就越大。

（3）特定商业机会的市场规模随时间的增长速度（如图 2-1-5 所示）。例如淘宝和支付宝，随着时间的市场规模增长速度之快，为阿里巴巴提供了充分的成长空间。

图 2-1-5　市场规模增长速度的影响

（4）创业者拟利用的商业机会对其自身的现实性。这是创业者对内自我剖析的过程。作为创业者，不一定拥有全部创业所需的资源，但是应具备创业所需的关键资源，否则创业难以启动。

（三）商业机会筛选的方法

商业机会筛选方法通常有四种，即市场调研法、系统分析法、问题导向法与技术创新法，具体内容如表 2-1-7 所示。

表 2-1-7　商业机会筛选方法

商业机会筛选方法	内容
市场调研法	通过与顾客、供应商、代理商等沟通，获取一手资料与信息，了解现在发生了什么，以及未来将要发生什么，针对自己的某个特定想法，获取市场调研数据来发现可能的商业机会
系统分析法	绝大多数的机会都可以通过系统分析发现。人们可以从宏观环境（政治、社会、法律、技术、人口等）和微观环境（细分市场、顾客、竞争对手、供应商等）的变化中发现机会，这是精准识别商业机会最常用、最有效的方法之一
问题导向法	一个组织或者个人面临的某个问题或者明确的需求，可能是识别商业机会最快速、最精准、最有效的方法，因为创业的根本目的是为顾客创造新的价值，解决顾客面临的问题。在这个过程中，常用的方法就是不断与顾客沟通，不断汲取顾客的建议，基于顾客的需求创造性地推出新的产品或服务
技术创新法	此种方法在新技术行业中最为常见。它针对技术市场的需求，积极探索相应的新技术和新知识；也可能始于一项新技术发明，进而积极探索新技术的商业价值。通过创造获得机会比其他任何方式的难度都大，风险也更高。同时，如果能够成功，其回报也更大

除了以上方法，还包括头脑风暴法、深度访谈法、领先用户法等。

第三部分 任务训练

任务编号		建议学时	1学时
任务名称		小组成员姓名	

一、任务描述

1. 演练任务：以校园小环境为前提，通过市场调研运用商业痛点分析提出可行的商业机会。

2. 演练目的：学会运用现实场景掌握商业痛点的分析方法，并提出可行的商业机会。

3. 演练内容：在校园环境中，你是否在校园的餐饮服务、学习辅导、快递代领、旅游服务、健身娱乐等方面看到不足之处？请你采用商业痛点分析方法，结合实际情况进行深入分析，并提出你认为当中存在的商业机会。

二、相关资源

张世新，刘婷婷．顾客满意视角下消费者"痛点"研究［J］．经济研究导刊，2016（32）：99-100。

三、任务实施

1. 选定方向并在校园内展开市场调研。

2. 分析调研数据，提出该方面所存在的商业痛点，并提出合适的商业机会。

3. 选择一个小组在班级中分享。

四、任务成果

1. 获得的直接成果。

2. 获得的间接成果。

3. 个人体会（围绕任务陈述的观点）。

第四部分　任务评价

班级：　　　　　　　　　　　　　姓名：

序号	评价内容		配分	学生自评	学生互评/ 小组互评	教师评价
1	平时表现	1. 出勤情况。 2. 遵守纪律情况。 3. 有无提问与记录。	30			
2	创业知识	1. 了解创新创业的定义。 2. 熟悉商业机会获取。 3. 掌握商业机会筛选。	20			
3	创业实践	以校园小环境为前提，通过市场调研，运用商业痛点分析方法提出可行的商业机会	30			
4	综合能力	1. 能否认真阅读资料，查询相关信息。 2. 能否与组员主动交流、积极合作。 3. 能否自我学习及自我管理。	20			
	总分		100			
教师评语						

日期：　　年　　月　　日

第五部分 活页笔记

记录时间		指导教师姓名	

主要知识点：

1.

2.

3.

4.

5.

重点难点：

1.

2.

3.

学习体会与收获：

1.

2.

3.

第六部分　参考文献

［1］胡延华，何杰文，胡朝红，林洁珊，王艳茹. 高职生创新创业实例解析［M］. 海口：南方出版社，2020.

［2］谭承军. O2O 微创新———引爆商业重的 18 个关键策略［M］. 北京：北京理工大学出版社，2016.

［3］张世新，刘婷婷. 顾客满意视角下消费者"痛点"研究［J］. 经济研究导刊，2016（32）：99-100.

［4］唐德淼. 创业机会内涵、来源及识别［J］. 合作经济与科技，2020（1）：146-149.

［5］贺腾飞，康苗苗. "创新与创业"概念与关系之辩［J］. 民族高等教育研究，2016（4）：7-12.

第七部分　思考与练习

【教学资料】

课程视频

课件资料

创新创业名句

咱们不能人云亦云，这不是科学精神，科学精神最重要的就是创新。

——钱学森

任务二 培养创新思维

第一部分 任务发布

任务描述：陈浩和李灵艳在实现公司转型的过程中，发现不能按照原来的传统思维以及模式去实施，因此他们需要根据自身情况，找到快速培养自己创新思维的方法。

任务分析：在全球化、技术快速发展的背景下，企业和组织必须不断创新以适应市场的快速变化。创新思维有助于企业发现新的商业模式、开发新产品或服务，从而在竞争中脱颖而出，并能够提供独特的解决方案，帮助企业有效地应对各种挑战和问题。若只停留在原地，则不利于企业的进步和发展。

任务实施：在培养创新思维中，首先我们需要先了解创新思维的主要内容，并通过常见的创新技法训练，最终养成创新思维。

第二部分 知识学习

一、创新思维的概念

（一）创新思维

创新思维是指以新颖独创的方法解决问题的思维过程，具有新颖性、独特性、多样性、开放性、潜在性、顿悟性、综合性、批判性等基本特征。

（二）创新思维与一般思维的区别

创新思维，就是可以更多面、更多变地看待同一事物，产生不同的想法，比一般思维更有前沿性、更有创造能力。创新思维的特点及内容如表2-2-1所示。

表2-2-1 创新思维的特点及内容

特点	内容
思维形式的反常性	体现为思维发展的突变性、跨越性或逻辑的中断，这是因为创新思维不是对现有概念、知识的循环渐进地逻辑推理的结果和过程，而是依靠灵感、直觉或顿悟等非逻辑思维形式
思维过程的辩证性	主要是指它既有抽象思维，又有非逻辑思维；既有发散思维，又有收敛思维；既有求同思维，又有求异思维。由此形成创新思维的矛盾运动，从而推动创新思维的发展

续表

特点	内容
思维空间的开放性	主要是指创新思维需要从多角度、全方位、宽领域地考察问题，而不再局限于逻辑的、单一的、线性的思维，从而形成开放式思维
思维成果的独创性	是创新思维的直接体现或标志，常常具体表现为创新成果的新颖性及唯一性
思维主体的能动性	表明了创新思维是创新主体的一种有目的的活动，而不是客观世界在人脑内简单、被动的直映，充分显示了人类活动的主动性和能动性

二、创新思维的分类

一般来说，创新思维主要有发散思维、收敛思维、联想思维、逆向思维和非逻辑性思维等几种（如图 2-2-1 所示）。

（一）发散思维

发散思维是指从一个目标出发，沿着各种不同的途径去思考，探求多种答案的思维方式，具有流畅性、变通性、独特性和非逻辑性的特点（如图 2-2-2 所示）。

以物品的功能和构成物品的材料、形态，以及事物产生的原因、事物之间的关系等作为发散思维的出发点，可以把发散思维分为功能发散、组合发散、方法发散、因果发散等。

图 2-2-1　创新思维分类

（二）收敛思维

收敛思维是指在解决问题的过程中，尽可能地利用已有的知识和经验，把众多的信息和解决问题的可能性逐步引导到条理化的逻辑序列中，最终得出合乎逻辑的结论（如图 2-2-3 所示）。

图 2-2-2　发散思维

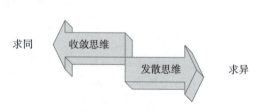

图 2-2-3　收敛思维

（三）联想思维

联想思维是人们在头脑中将一种事物的形象与另一种事物的形象联想起来，探索它们之间相同或类似的规律，从而解决问题的思考方法。联想思维就是做到由此知彼、举一反三、触类旁通。

根据联想产生的方向不同，可将联想分为相似联想、相关联想和对比联想。

（四）逆向思维

人们的思维习惯是沿着事物的发展方向去思考问题，这样的思考方式比较有效、便利，能解决大多数问题。逆向思维一般会从事物的功能、原理、程序等多方面进行逆向思考（如图 2-2-4 所示）。

图 2-2-4 逆向思维

（五）非逻辑性思维

非逻辑性思维主要是灵感、直觉、想象等一系列没有逻辑性的思维方式（如图 2-2-5 所示）。非逻辑性思维的产生没有固定的逻辑程序，具有一定的偶然性，它们的产生通常没有特定的条件，可能一件小事、一次回忆、一个经验判断就发生了。

图 2-2-5 非逻辑思维的分类

三、创新思维的过程

创新思维在解决问题的活动中需要一定的过程。心理学家对这个过程也做过大量的研究。比较有代表性的是英国心理学家华莱士（G. Wallas）所提出的四阶段论和美国心理学家艾曼贝尔（T. Amabile）所提出的五阶段论。以华莱士的四阶段论来看创新思维的活动过程，如图 2-2-6 所示。

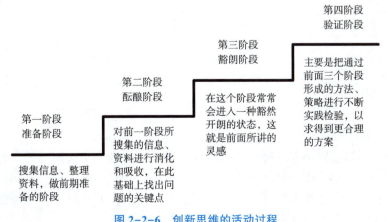

图 2-2-6 创新思维的活动过程

四、创新思维的培养

创新思维是在一般思维的基础上发展起来的，它是后天培养与训练的结果。日本心理学家多湖辉在他的《创新思维》一书中，提出了以下建议：

（一）展开"幻想"的翅膀

心理学家认为人脑有四个功能部位，如图 2-2-7 所示。

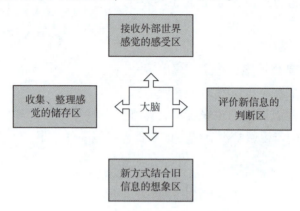

图 2-2-7　人脑的四个功能部位

据心理学家研究，一般人只用了想象区的 15%，其余的还处于"冬眠"状态，开垦这块地就要从培养幻想入手。

（二）培养发散思维

发散思维是创新思维的核心，通过训练发散思维可以提高一个人的创新思维能力。发散思维的训练方法有多种，以下列举出几种训练方法作为参考，如表 2-2-2 所示。

表 2-2-2　发散思维训练方法

训练方法	措施
用途扩散	列举某种物品的用途
结构扩散	加一笔变个字
形态扩散	列举绿色的物品
方法扩散	用"敲"能解决的问题
语文	自由联想组词
数学	一题多解
历史	列举以少胜多的战役

（三）发展直觉思维

直觉思维在学习过程中有时表现为提出怪问题，有时表现为大胆猜想，有时表现为一种应急性的回答，有时表现为解决一个问题，设想出多种新奇的方法、方案。为了培养创新思维，当这些想象纷至沓来的时候，千万别怠慢了它们，要及时捕捉这种创新思维的产物，善于发展自己的直觉思维（如图 2-2-8 所示）。

（四）以不同的思维视角思考问题

同一事物，使用不同的思维视角去看时，就能发现事物不寻常的性质。所以以不同的思维视角看待问题，能够不断地发现创新点，对于提升创新能力乃至整个创新过程起到至关重要的作用。如图2-2-9所示，你看到的是老太太还是年轻女士取决于你选择的思维角度。

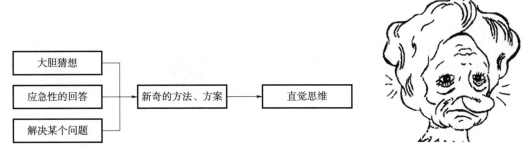

图 2-2-8　发展直觉思维的过程　　　　　图 2-2-9　不同思维视觉的呈现

（五）培养强烈的求知欲

没有精神上的需要，就没有求知欲。要有意识地为自己出难题，或者去"啃"前人遗留下的不解之谜，激发自己的求知欲。求知欲会促使人去探索科学，去进行创新思维（如图2-2-10所示），而只有在探索过程中才会不断激起好奇心和求知欲，并使之不枯不竭、永为活水。

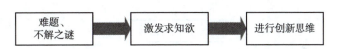

图 2-2-10　求知欲促使创新思维

五、创新的常见技法

创新思维是创新能力的核心基础，但仅仅通过培养创新思维能力，并不能有效地将其转化为创新能力，必须使用一些创新技法把创新思维与创新经验、成果结合起来，整体地提高创新能力和创新成功的概率。

（一）智力激励类创新技法

1. 头脑风暴法

头脑风暴法，又称奥斯本智力激励法、BS法、自由思考法，是由美国创造学家亚历克斯·奥斯本提出，通过群体自由联想和讨论的一种创新方法，它可以保证群体决策的创造性，提高决策质量。头脑风暴法流程如图2-2-11所示。

2. 德尔菲法

德尔菲法，又称专家调查法，本质上是一种反馈匿名函询法（如图2-2-12所示）。其大致流程是：匿名征求专家意见—归纳、统计—匿名反馈—归纳、统计……若干轮后停止。

由此可见，德尔菲法是一种利用函询形式进行的集体匿名思想交流过程，它有三个明显区别于其他专家预测方法的特点，即匿名性、多次反馈、小组的统计回答。

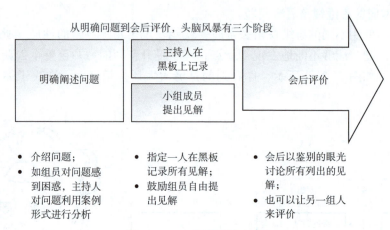

图 2-2-11 头脑风暴法流程

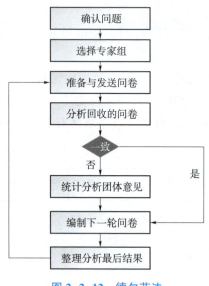

图 2-2-12 德尔菲法

3. TRIZ 理论

TRIZ 理论是我国当前重点推广的一种结构化技术创新方法，它以解决技术矛盾为核心，旨在推动技术系统的进化。创新方法是国家科技创新的关键部分，是一项长期的基础工作，经过 70 多年的发展，TRIZ 理论已经成为解决发明问题的方法学，这种方法已在许多国家的企业中得到应用，帮助解决了数以千计的新产品开发难题。TRIZ 解决问题的一般过程分为三个步骤，如图 2-2-13 所示。

（二）周全思维类创新技法

周全思维是指全方面地考虑事物的属性，从而找到事物新的可利用或发展的特点。周全思维类创新技法是借助周全思维，启发创造者的创造灵感、控制创新思维，从而产生创造性的设想，最终达成发明创造的方法。周全思维类创新技法分列举法、设问法等，如表 2-2-3 所示。

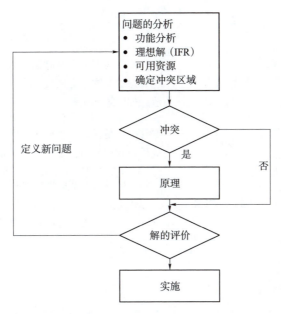

图 2-2-13　TRIZ 解决问题的一般过程

表 2-2-3　周全思维类创新技法分类

创新技法	类别		内容
周全思维类创新技法	列举法	特性列举	特性列举针对事物的原理、结构、功能、材料、造型、工艺等方面
		缺点列举	缺点列举从事物的缺点出发，如商品体积大、功能少、难操作、不结实等
	设问法	希望点列举	希望点列举则注重用户的意见，特别是特殊人群对事物的希望
		5W1H 法	可用于分析产品，也可以用于分析创新方案和某一功能，分析之后再决定是否要做
		奥斯本的检核表法	主要用于新产品的研制开发
		和田十二法	和田十二法是我国学者许立言、张福奎在奥斯本检核表法的基础上，借用其基本原理，加以创造而提出的一种思维技法

（三）联想类创新技法

联想类创新技法是基于联想思维的创新技法，主要包括类比法、移植法、强制联想法，如表 2-2-4 所示。

表 2-2-4　联想类创新技法分类

创新技法	类别	内容
联想类创新技法	类比法	类比法是把陌生的对象与熟悉的对象、把未知的事物与熟悉的事物进行比较，从中获得启发而解决问题的方法，如因果类比等
	移植法	移植法是把某一事物的原理、结构、方法等转化到当前研究的对象中，从而产生新成果的方法
	强制联想法	将一些没有关联的事物放在一起，迫使人们去联想那些想象不到的东西，从而产生思维的跳跃，跨越逻辑思维的屏障而产生新奇怪异的设想

（四）组合类创新技法

组合是把两项或两项以上独立的技术或事物通过想象加以联合，构成一个新的不可分割的整体。组合类创新技法基于组合思维，主要包括主体附加法、二元坐标法。

二元坐标法遵从三个原则，如图 2-2-14 所示。

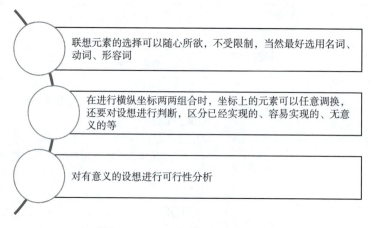

联想元素的选择可以随心所欲，不受限制，当然最好选用名词、动词、形容词

在进行横纵坐标两两组合时，坐标上的元素可以任意调换，还要对设想进行判断，区分已经实现的、容易实现的、无意义的等

对有意义的设想进行可行性分析

图 2-2-14　二元坐标法的三个原则

随着创新技法的不断发展，组合类创新技法还包含了与二元坐标法相似的多种方法，如形态分析法、信息交合法等。

第三部分 任务训练

任务编号		建议学时	1 学时
任务名称		小组成员姓名	

一、任务描述

1. 演练任务：采用头脑风暴法发掘餐饮业所存在的问题以及创新点。

2. 演练目的：学会使用创新技法当中的头脑风暴法。

3. 演练内容：发掘餐饮业所存在的问题以及创新点，可以帮助企业更好地理解市场现状和消费者需求，为餐饮业的创新发展提供有力支持。以小组为单位，按照头脑风暴法的步骤有序开展讨论并写下讨论结果。

二、相关资源

1. 王丽丽. 基于头脑风暴法的创新思维训练模式研究 [J]. 科技视界，2016（10）：189-189。

2. 杨媛媛. 基于头脑风暴法的创意产业发展研究 [J]. 企业经济，2013（1）：145-148。

三、任务实施

1. 每个小组先确定餐饮业的主题，选出主持人，并宣布相应规则，按时间展开讨论。

2. 选择一个小组在班级中分享讨论结果。

四、任务成果

1. 获得的直接成果。

2. 获得的间接成果。

3. 个人体会（围绕任务陈述的观点）。

第四部分　任务评价

班级：　　　　　　　　　　　姓名：

序号	评价内容		配分	学生自评	学生互评/ 小组互评	教师评价
1	平时 表现	1. 出勤情况。 2. 遵守纪律情况。 3. 有无提问与记录。	30			
2	创业 知识	1. 了解创新思维的定义。 2. 熟悉创新思维的种类与特点。 3. 掌握创新常见技法的特点与分类知识。	20			
3	创业 实践	采用头脑风暴法发掘餐饮业所存在的问题以及创新点。	30			
4	综合 能力	1. 能否使用文明礼貌用语，有效沟通。 2. 能否认真阅读资料，查询相关信息。 3. 能否与组员主动交流、积极合作。 4. 能否自我学习及自我管理。	20			
	总分		100			
教师 评语						

日期：　　年　　月　　日

第五部分　活页笔记

记录时间		指导教师姓名	
主要知识点： 1. 2. 3. 4. 5.			
重点难点： 1. 2. 3.			
学习体会与收获： 1. 2. 3.			

第六部分　参考文献

[1] 范耘，罗建华，刘勇. 创新创业实用教程 [M]. 北京：机械工业出版社，2017.

[2] 丁欢，汤程桑. 创新与创业教育指导 [M]. 南京：南京大学出版社，2015.

[3] 殷朝华，许永辉，翁景德. 大学生创新创业基础 [M]. 上海：上海交通大学出版社，2016.

[4] 张晓芒. 创新思维方法概论 [M]. 北京：中央编译出版社，2008.

[5] 郭瑞增. 创业改变命运 [M]. 天津：天津科学技术出版社，2008.

[6] 马树林. 企业家创新的故事 [M]. 北京：中国经济出版社，2009.

[7] 庄文韬. 创新创业实用教程 [M]. 厦门：厦门大学出版社，2016.

[8] 刘磊. 大学生创新创业基础 [M]. 北京：中国水利水电出版社，2015.

[9] 罗琴，李江，李鹏. 大学生创新创业基础 [M]. 镇江：江苏大学出版社，2017.

[10] 薛永基. 大学生创新创业教程 [M]. 北京：北京理工大学出版社，2017.

[11] 黄远征，陈劲，张有明. 创新与创业基础教程 [M]. 北京：清华大学出版社，2017.

[12] 孙洪义. 创新创业基础 [M]. 北京：机械工业出版社，2017.

[13] 傅家骥. 技术创新学 [M]. 北京：清华大学出版社，1998.

[14] 戴庚先，等. 技术创新与技术转移 [M]. 北京：科学技术文献出版社，1994.

[15] 张东生，徐曼，袁媛. 基于 TRIZ 的管理创新方法研究 [J]. 科学学研究，2005（12）：264-269.

第七部分　思考与练习

【教学资料】

课程视频

课件资料

【拓展资料】

创新创业名句

创业总是艰难的，敢于创业的人，便不应计较艰难，世界上没有一帆风顺的革命。

——恽代英

任务三 构建商业模式

第一部分 任务发布

任务描述：陈浩、李灵艳、江军鹏三人对合作充满信心，但是新的企业要采用哪种商业模式，三人还不清楚，因此他们需要根据情况了解有哪些商业模式及其优缺点。

任务分析：创业是一个创造新事物的过程，也是一个实现价值增值的过程。而商业模式就是要实现客户价值最大化，因此需要了解商业模式的分类及价值，学会获取商业模式，进而创新商业模式，才能实现最大价值的转化。

任务实施：在商业模式中，首先要学会识别不同的商业模式，就是进行分类，了解及掌握商业模式的不同种类，以及什么样的商业模式才适合当前企业发展的阶段。

第二部分 知识学习

一、商业模式分类

（一）商业模式的定义

商业模式是现代企业运营的核心，涉及整合内外部资源、提供产品和服务、实现客户价值最大化并持续盈利。经过30年的摸索，互联网创业基本上形成了以下几种常见的商业模式。

1. 实物商品交易模式

通常意义上的商品/货物有以下四种交易模式，如图2-3-1所示。

图2-3-1 实物商品交易模式

2. 广告模式

广告已经成了互联网行业默认的首选变现方式，是平面媒体的主要商业模式，现在互联网行业已经彻底抢走了广告领域的风头，其分为四种形式，如表2-3-1所示。

表 2-3-1 广告类型及其特点

广告类型	描述	收费方式	常见平台	适用场景
展示广告	包括文字、横幅、文本链接、弹窗等，按展示位置和时间收费	包月、包天、包周	各种网站和应用	广泛，适合多种广告场景
广告联盟	广告代理商、广告主在联盟上发布广告，联盟将广告推送到各个网站或 App	按点击次数	百度联盟、谷歌联盟	需要广泛覆盖的广告场景
电商广告	电商平台如京东、亚马逊等推出的广告，按销售额提成付费	销售额提成	京东、亚马逊等	适合电商和相关服务
软文广告	广告内容与文章内容结合，用户在阅读文章时了解广告内容	按发布或曝光次数	媒体网站、社交平台	适合品牌建设和内容营销

3. 交易平台模式

交易平台模式如图 2-3-2 所示。

- 用户在平台上进行商品交易，通过平台支付，平台从中收取佣金。天猫就是最大的实物交易平台，天猫的佣金是其主要的收入来源

- 用户平台上提供和接受服务，通过平台支付，平台从中收佣金。威客平台猪八戒就是这样收取佣金的。Uber的盈利模式也是收取司机车费的佣金

- 用户在平台上留存资金，平台可以用这些沉淀资金赚取投资收益回报。传统零售业用账期压供应商的货款，就是为了用沉淀资金赚钱。京东就是靠沉淀资金赚钱的。很多互联网金融企业也是寄希望于这个模式

实物交易平台　　服务交易平台　　沉淀资金模式

图 2-3-2 交易平台模式

4. 直接向用户收费模式

直接向用户收费是根据用户需求，向终端进行直接收费，包括定期付费模式、按需付费模式、打印机模式等，如图 2-3-3 所示。

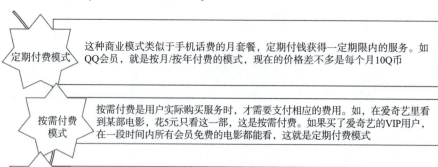

定期付费模式：这种商业模式类似于手机话费的月套餐，定期付钱获得一定期限内的服务。如QQ会员，就是按月/按年付费的模式，现在的价格差不多是每个月10Q币

按需付费模式：按需付费是用户实际购买服务时，才需要支付相应的费用。如，在爱奇艺里看到某部电影，花5元只看这一部，这是按需付费。如果买了爱奇艺的VIP用户，在一段时间内所有会员免费的电影都能看，这就是定期付费模式

打印机模式：打印机的商业模式是指先以很便宜的价格卖给用户一个基础性设备，如打印机，用户要使用这个设备，就必须以相对较高的价格继续购买其他配件

图 2-3-3 直接向用户收费模式

5. 免费增值模式

免费增值模式就是让一部分用户免费使用产品，而另外一部分用户购买增值服务，通过付费增值服务赚回成本和利润。不过一般采取免费增值模式的产品，可能只有 0.5~1% 的免费用户会转化为付费用户。常见的免费增值模式如表 2-3-2 所示。

表 2-3-2　常见的免费增值模式

内容	信息描述
限制次数免费使用	在一定次数之内，用户可以免费使用，超出这个次数就需要付费了
限制人数免费使用	用户数量在一定人数之内是免费的，若用户数量超出这个限额，就要收费了
限定免费用户可使用的功能	免费用户只能使用少数几种功能，如果想使用所有的功能，就得付费
应用内购买	应用的下载和安装使用是免费的，但是在使用的过程中，可以为特定的功能付费
试用期免费	让用户在最初一定的期限内可以免费使用，超过试用期之后就要付费了

所以，既然互联网有这么多商业模式可以选择，创业者完全不用太关注这个问题。努力做好产品，努力黏住更多的用户，用户数量达到一定程度了，选择一个合适的商业模式，就可以赚钱。

二、商业模式的价值

（一）商业模式的价值

商业模式的价值在于为企业提供创造和交付价值的系统方法，包括盈利方式、竞争优势、资源整合、风险管理、创新驱动、客户关系和社会影响等方面。

（二）商业模式分析

尽管商业模式已经有 30 多年的发展历史，但是研究者对于商业模式的概念仍未达成一致。商业模式大致可以分为三类，如表 2-3-3 所示。

表 2-3-3　商业模式的类别

类别	定义	代表人物	主要观点
收益性商业模式	认为商业模式的核心是为企业获得收益，涉及流程、客户、供应商、渠道、资源和能力的总体构造	罗素·托马斯（2001）	强调商业模式对企业收益的重要性
运营性商业模式	认为商业模式是帮助企业有效运行的活动结构，涉及企业各部分的匹配和组成，以创造客户价值	琼·马格丽塔（2002）	强调商业模式对企业运营和客户价值的贡献
宏观性商业模式	将商业模式视为一套体系、方法甚至系统，强调其整体的战略性和系统性	无特定代表人物	强调商业模式作为一套完整的战略和系统的重要性

三、商业价值获取

（一）商业价值获取的意义

价值获取是指企业通过正确的机制，使企业有吸引力的价值定位产生利润。它要解决的是"企业在何处赢利？如何创新性赢利"的问题。

（二）商业价值获取的要素

商业价值获取的要素主要包含收入源、收入点、收入方式，如图2-3-4所示。

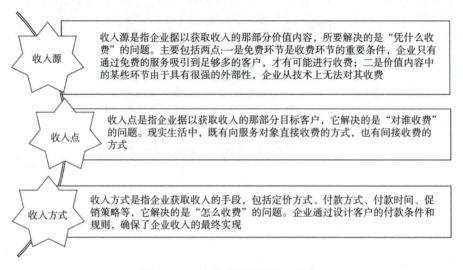

收入源是指企业据以获取收入的那部分价值内容，所要解决的是"凭什么收费"的问题。主要包括两点：一是免费环节是收费环节的重要条件，企业只有通过免费的服务吸引到足够多的客户，才有可能进行收费；二是价值内容中的某些环节由于具有很强的外部性，企业从技术上无法对其收费

收入点是指企业据以获取收入的那部分目标客户，它解决的是"对谁收费"的问题。现实生活中，既有向服务对象直接收费的方式，也有间接收费的方式

收入方式是指企业获取收入的手段，包括定价方式、付款方式、付款时间、促销策略等，它解决的是"怎么收费"的问题。企业通过设计客户的付款条件和规则，确保了企业收入的最终实现

图 2-3-4　商业价值获取的三要素

（三）商业价值获取的关键因素

商业价值获取过程涉及价值的识别、创造、传递和捕获。表2-3-4所示是商业价值的不同阶段。

表 2-3-4　商业价值的不同阶段

阶段	描述	关键活动
客户价值识别	理解客户需求和痛点，识别有价值的产品或服务特性	市场调研、客户访谈、数据分析
价值创造	通过创新产品设计、服务改进或业务模式优化创造独特价值主张	产品创新、服务改进、业务模式设计
价值传递	通过营销、销售和客户服务策略将价值传递给目标客户	营销沟通、品牌建设、销售渠道管理、客户服务
价值捕获	通过定价策略、成本管理和客户关系管理从市场中捕获价值	定价策略、成本控制、客户关系管理
持续价值优化	根据市场反馈和数据分析，调整和优化价值主张以适应市场变化和客户需求演进	市场反馈分析、数据驱动决策、持续创新、快速响应市场变化

四、商业模式创新

（一）商业模式创新的定义及构成条件

商业模式创新是指企业价值创造提供基本逻辑的创新变化，它既可能包括多个商业模式构成要素的变化，也可能包括要素间关系或者动力机制的变化。商业模式创新企业也有无数种。通过对典型商业模式创新企业的案例考察，可以看出商业模式创新的三个构成条件，如图 2-3-5 所示。

图 2-3-5　商业模式创新的构成

（二）商业模式创新的特点

创新概念可追溯到熊彼特，他提出创新是指把一种新的生产要素和生产条件的"新结合"引入生产体系。具体有五种形态：一是开发出新产品；二是推出新的生产方法；三是开辟新市场；四是获得新原料来源；五是采用新的产业组织形态。相对于这些传统的创新类型，商业模式创新有三个明显的特点，如表 2-3-5 所示。

表 2-3-5　商业模式创新的特点

特点	描述
特点 1	商业模式创新更注重从客户的角度思考设计企业行为，视角外向和开放，注重企业经济因素，旨在为客户创造增加的价值
特点 2	商业模式创新涉及多个要素的同时变化，需要企业战略调整和集成创新，通常伴随产品、工艺或组织的创新
特点 3	商业模式创新若提供全新的产品或服务，有可能开创全新的可赢利产业领域，或者通过提供已有的产品或服务，为企业带来更持久的赢利能力和竞争优势

（三）商业模式创新的四个维度

在商业模式这一价值体系中，企业可以通过改变价值主张、目标客户、顾客关系、分销渠道、关键活动、关键资源、关键伙伴、收入来源和成本结构等因素来激发商业模式创新。一般商业模式创新可以从战略定位创新、资源能力创新、商业生态环境创新以及这三种创新方式结合产生的混合商业模式创新这四个维度进行，如图 2-3-6 和表 2-3-6 所示。

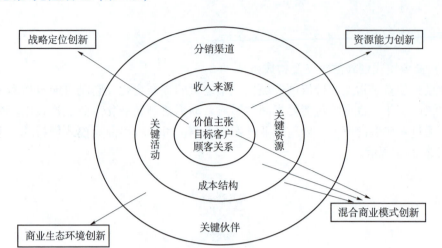

图 2-3-6　商业模式创新的四个维度

表 2-3-6　商业模式创新的四个维度

创新类型	描述	实例/说明
战略定位创新	围绕企业价值主张、目标客户及顾客关系创新	通过战略定位创新，企业可以发现有效的市场机会，提高竞争力
资源能力创新	对企业所拥有的资源进行整合和运用能力的创新	企业通过技术革新或流程优化来实现资源能力的创新
商业生态环境创新	将企业周围环境看作整体，打造可持续发展的共赢商业环境	某电商平台与物流公司紧密合作，共同打造一个高效、便捷的购物环境
混合商业模式创新	战略定位、资源能力、商业生态环境创新相互结合的方式	某公司的成功结合了独特的产品设计、精准的战略创新及强大的内部资源和外部环境优化，带来了显著的市场优势

第三部分　任务训练

任务编号		建议学时	1 学时
任务名称		小组成员姓名	

一、任务描述

1. 演练任务：了解商业模式的定义与分类、商业模式的价值与作用。

2. 演练目的：掌握商业模式获取和创新的方式。

3. 演练内容：查询相关资料，了解商业模式的定义与分类，针对某一类商业模式进行探讨，发掘商业模式的价值与作用，更好地了解企业的现状和消费者需求，总结商业模式的价值与作用。以小组为单位，有序开展讨论并写下讨论结果。

二、相关资源

1. 范思怡. 价值共创视角下商业模式创新效果研究［D］. 南昌：江西师范大学，2023。

2. 张媛媛. 科技创新企业商业模式转型研究——以小米公司为例［J］. 投资与创业，2022，33（20）：135-137。

3. 朱冰. 数字化时代下商业模式创新策略研究——以小米公司为例［J］. 河北企业，2022（7）：47-49。

4. 李晓磊. 商业模式创新视角下互联网企业价值创造研究［D］. 哈尔滨：哈尔滨商业大学，2022。

三、任务实施

1. 每个小组先确定小米公司的商业模式的主题，选出主持人，并宣布相应规则，根据小米的商业模式，探讨它如何体现了对传统商业模式的颠覆、对用户需求的深度理解、对技术创新的追求以及对全球市场的开拓精神，充分展开讨论。

2. 选择一个小组在班级中分享讨论结果。

四、任务成果

1. 获得的直接成果。

2. 获得的间接成果。

3. 个人体会（围绕任务陈述的观点）。

第四部分　任务评价

班级：　　　　　　　　　　姓名：

序号		评价内容	配分	学生自评	学生互评/ 小组互评	教师评价
1	平时 表现	1. 出勤情况。 2. 遵守纪律情况。 3. 学习任务完成情况，有无提问与记录。 4. 是否主动参与学习活动情况。	30			
2	创业 知识	1. 了解商业模式价值的概念。 2. 分析商业模式价值获取过程中，与大数据流之间的潜在联系。 3. 解释商业模式的本质和价值。 4. 熟悉商业模式应包含的框架要素。	20			
3	创业 实践	起草一个商业模式的框架。	30			
4	综合 能力	1. 能否使用文明礼貌用语，有效沟通。 2. 能否认真阅读资料，查询相关信息。 3. 能否与组员主动交流、积极合作。 4. 能否自我学习及自我管理。	20			
		总分	100			
教师 评语						

日期：　　年　　月　　日

第五部分　活页笔记

记录时间		指导教师姓名	

主要知识点：

1.

2.

3.

4.

5.

重点难点：

1.

2.

3.

学习体会与收获：

1.

2.

3.

第六部分　参考文献

［1］翁君奕. 商务模式创新 ［M］. 北京：经济管理出版社，2004.

［2］陈御冰. 企业战略与商业模式的相互关系 ［J］. 现代管理科学，2007（11）：77-79.

［3］马君. 浅析战略与商业模式的区别 ［J］. 企业科技与发展，2007（12）：12-14.

［4］尹一丁. 商业模式创新的四种方法 ［J］. 销售与管理，2012（8）：106 -107.

［5］彭俊，高萍萍. 商业模式创新浅析 ［J］. 经济论坛，2012（10）：155 -157.

第七部分　思考与练习

【教学资料】

课程视频

课件资料

【拓展资料】

创新创业名句

同是不满于现状，但打破常规的手段却不同：一是革新，一是复古。

——鲁迅

任务四 把控机会与风险

导入：
第一颗苹果改变了人类；
第二颗苹果改变了物理界；
第三颗苹果改变科技界；
……

启示

现实生活中存在着大量的创业机会，关键的问题是你有没有发现或者耐心不断地寻找这些机会。只有自信、执着、富有远见、勤于实践，才会真正掌握商机。

第一部分 任务发布

任务描述：生活的苦难虽然给李灵艳和陈浩造成了巨大的打击，但是这并没有让他们倒下，反而让他们对未来充满信心，也坚定了创业的动力。但是对于如何进行创业，与江军鹏的合作如何进行他们都不清楚，尤其是不知道怎么把握好这次创业机会。

任务分析：创业机会识别与评价是创业过程中的关键环节。机会识别是对市场需求的感知和把握，发现潜在的商业机会；机会评价则是评估机会的潜在价值和风险，以确定是否适合创业。因此需要了解什么是创业机会，如何识别并且抓住创业机会。

任务实施：在创业过程中，要学会识别创业机会，从创意中挖掘创业机会，并学会综合运用市场调研、问题解决和自身优势等方法来识别机会，并通过评估市场规模、竞争对手、技术可行性、商业模式和盈利能力等因素来评价机会的潜在价值和风险。

第二部分 知识学习

一、创业机会识别与评价

（一）创意的定义及训练方法

创意就是具有新颖性和创造性的想法，是一种让受众产生共鸣的独特思路。创意一般有四种来源（如图 2-4-1 所示），它可以通过专业创意思维训练方法获得。

通常采用三种方法进行训练，如"头脑风暴法"是强调集体思考、互相激发，旨在产生更多创意；"属性列举法"是通过改进产品属性来形成新创意；"强制关联法"则是将不同产品功能强行结合，创造新产品。这三种方法都是有效的创意思维技巧，可帮助人们打破思维定式，发掘潜在的创新点，为产品或服务的改进和升级提供有力支持。

（二）创业机会的含义与特征

创业机会是指具有较强吸引力的、较为持久的有利于创业的商业机会，最终表现在能够为消费者和客户创造价值或增加价值的产品或服务。创业机会的具有以下几个特征，如图 2-4-2 所示。

创意来源之一：责任之心
一杯水可以冲干净的坐便器

创意来源之二：求美之心
束腰连衣裙状的饮料瓶

创意来源之三：烦恼之心
能洗大地瓜的洗衣机

创意来源之四：专业方法
大哥大，只能打电话!

图 2-4-1　创意的四种来源

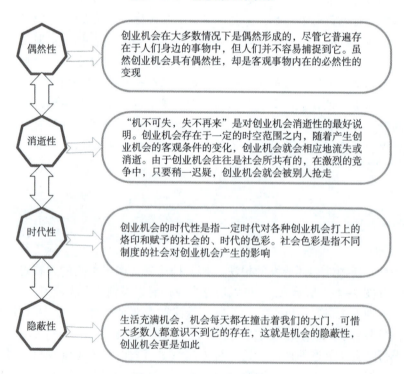

图 2-4-2　创业机会的特征

（三）创业机会的来源及识别

　　创意不等于创业机会，创意可能会转化成创业机会，但不是所有创意都能转化成创业机会，如图 2-4-3 所示。

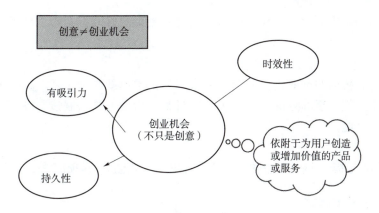

图 2-4-3　创意与创业机会的关系

1. 问题和痛点

创业的根本目的是满足顾客需求，而顾客需求在没有满足前就是问题，与创意有着本质的区别，如图 2-4-4 所示。

图 2-4-4　机会与创意的区别

2. 社会变化

创业机会大都产生于不断变化的市场环境中，环境变化了，市场需求、市场结构必然发生变化，需要有较敏锐的识别方法，如图 2-4-5 所示。

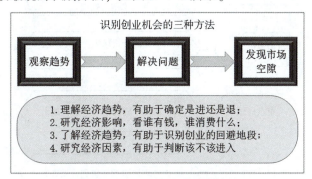

图 2-4-5　识别创业机会的方法

3. 政策与体制变革

随着经济的快速发展、需求的不断改变，政府时刻跟随时代来调整政策，市场政策的变动使得市场结构发生变化，新政策的出台或现有政策的修改都会为创业者带来大量的创业机会。

4. 技术革新

技术革新是有价值的创业机会的最重要来源，技术革新改变了社会面貌，它以高科技手段大大提高了人们办事的效率，改变了人们日常行为的方式，制造了许多空白的市场空间，使创业成为可能。

5. 创业机会识别

创业机会识别是指创业者识别新的创业机会的过程，是创业的初始阶段，如图 2-4-6 所示。

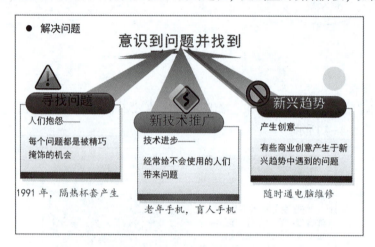

图 2-4-6　识别机会的方法

二、创业风险与防范

创业过程中，要在增强风险意识的基础上，实施相应的措施，降低和避免风险，可按照图 2-4-7 所示的流程进行。

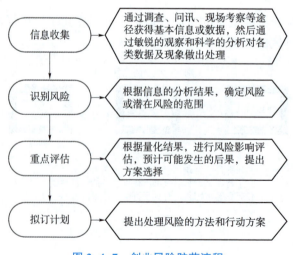

图 2-4-7　创业风险防范流程

第三部分 任务训练

任务编号		建议学时	1 学时
任务名称		小组成员姓名	

一、任务描述

1. 演练任务：认识创业机会的来源、创新意识和创新思维的内涵。

2. 演练目的：学会运用创新思维及方法解决现实问题。

3. 演练内容：发掘日常生活中所存在的问题以及解决的办法，加深对创意、创业机会的概念的理解，针对生活中创业机会进行识别和评估创业风险，提升创新创业意识、风险意识和防范意识，可以针对小米公司进行。以小组为单位，有序开展讨论并写下讨论结果。

二、相关资源

1. 赵敏慧，孙聪．创业自我效能感对创业机会识别的影响——基于有调节的中介效应模型［J］．河北企业，2023（12）：11-16。

2. 曹胜男．数字经济背景下大学生创新创业的发展机遇［J］．活力，2023，41（21）：175-177。

3. 贵燕丽，聂婷，李美云．社会资本与公司创业的机会开发［J］．武汉理工大学学报（信息与管理工程版），2023，45（5）：766-772。

4. 刘怡晴．机会识别对大学生创业行为的影响研究［J］．现代职业教育，2023（27）：133-136。

三、任务实施

1. 每个小组先参照小米公司的创业理念，即通过互联网直销模式，去除传统销售环节中的中间环节，从而降低成本，提供高性价比的产品给消费者。这种模式在当时的中国智能手机市场中是一种创新。然后选出主持人，并宣布相应规则，展开讨论。

2. 选择一个小组在班级中分享讨论结果。

四、任务成果

1. 获得的直接成果。

2. 获得的间接成果。

3. 个人体会（围绕任务陈述的观点）。

第四部分　任务评价

班级：　　　　　　　　　　　　　姓名：

序号	评价内容		配分	学生自评	学生互评/小组互评	教师评价
1	平时表现	1. 出勤情况。 2. 遵守纪律情况。 3. 学习任务完成情况，有无提问与记录。 4. 是否主动参与学习活动情况。	30			
2	创业知识	1. 了解创业机会的识别。 2. 了解创业风险应对策略。 3. 了解创意创业的方法。 4. 熟悉创业机会和创业风险应包含的框架要素。	20			
3	创业实践	起草一个创业机会与创业风险的框架。	30			
4	综合能力	1. 能否使用文明礼貌用语，有效沟通。 2. 能否认真阅读资料，查询相关信息。 3. 能否与组员主动交流、积极合作。 4. 能否自我学习及自我管理。	20			
总分			100			
教师评语						

日期：　　　年　　　月　　　日

第五部分　活页笔记

记录时间		指导教师姓名	
主要知识点： 1. 2. 3. 4. 5.			
重点难点： 1. 2. 3.			
学习体会与收获： 1. 2. 3.			

第六部分　参考文献

［1］刘万利，胡培，许昆鹏. 创业机会识别研究评述［J］. 中国科技论坛，2010（9）：121-127.

［2］林嵩，姜彦福，张帏. 创业机会识别：概念、过程、影响因素和分析架构［J］. 科学学与科学技术管理，2005（6）：128-132.

第七部分　思考与练习

【教学资料】

课程视频

课件资料

创新创业名句

销售为王，现金是后。

——佚名

任务五 知悉企业运营

第一部分 任务发布

任务描述：陈浩、李灵艳和江军鹏决定在芯片技术、智能制造等领域进行深入合作，共同研发新技术，满足市场需求。为此，他们需要成立新企业，分析企业运营战略，熟悉企业管理。

任务分析：企业是创业过程的载体，运营企业是成功的创业者必须具备的能力。创业者需要熟悉新企业的注册流程与管理，具备创办和管理企业的综合素质和能力，懂得创业过程中的财务管理和资金分配方式，提高财务风险防范能力。

任务实施：在企业运营过程中，要掌握企业成立及注册的流程，学会企业的财务管理、营销管理、顾客管理等，提高社会责任感和综合素质，培养新时代企业家精神。

第二部分 知识学习

一、企业成立及注册

（一）企业的法律组织形式

企业的法律组织形式是指企业根据法律规定，选择并注册成立的法律实体形态。不同的法律组织形式决定了企业的法律责任、税务处理、所有权结构、管理方式以及融资能力等。表2-5-1是几种常见的企业的法律组织形式。

表2-5-1 企业的法律组织形式

法律组织形式	责任承担	所有权/管理结构	税务处理	融资能力	注册和运营要求
个体工商户	无限责任	个人所有	个人所得税	较低	简单，较少
合伙企业	无限/有限责任	合伙人共有	合伙人个人所得税或企业所得税	中等	简单，合伙协议
有限责任公司	有限责任	股东所有	企业所得税	较高	复杂，需要注册资本
股份有限公司	有限责任	股东所有	企业所得税	高	复杂，公开股份
一人有限责任公司	有限责任	单一股东所有	企业所得税	中等	复杂，需要注册资本

（二）依法开办企业及流程

依法开办企业是指根据所在国家或地区的法律法规，完成一系列法定程序，获得营业执照，使企业合法成立并开展经营活动的过程。在中国，依法开办企业通常需要遵循以下流程，如图 2-5-1 所示。

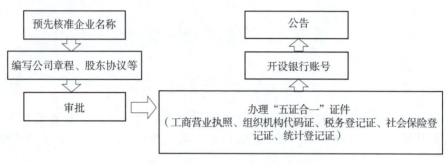

图 2-5-1　企业注册流程

二、企业财务管理

（一）财务管理的概念

企业财务管理是企业根据经济法规制度，利用价值形式组织企业再生产过程的财务活动，并处理在这种价值运动中形成的财务关系的一项经济管理工作。简言之，企业财务管理是对企业财务活动和财务关系的管理，是企业管理的一个重要组成部分。

（二）财务报表

财务报表包括现金流量表（如表 2-5-2 所示）、利润表（如表 2-5-3 所示）和资产负债表（如表 2-5-4 所示），这三张表是企业最基本、最重要的财务报表，分别描述了企业的现金流量状况、经营成果以及财务状况，它们之间存在密切的钩稽关系。

表 2-5-2　现金流量表（样表）

项目	月份	1月	2月	3月	4月	5月	6月	合计
	月初现金							
现金流入	现金销售							
	赊账销售							
	贷款收入							
	股东投入现金							
	其他现金收入							

续表

项目 / 月份		1月	2月	3月	4月	5月	6月	合计
现金流入小计								
现金流出	现金采购							
	赊账采购							
	销售推广费							
	销售提成							
	租金							
	员工工资							
	保险费							
	水电费							
	电话费							
	网络宽带费							
	办公用品、耗材费用							
	交通差旅费							
	固定资产费用							
	借贷还款支出							
	增值税							
	附加税费							
	企业所得税							
现金流出小计								
净现金流量								
月底现金余额								

表 2-5-3　利润表（样表）

一、营业收入	本期金额	上期金额
减：营业成本		
营业税金及附加		
期间费用		
资产减值损失		
加：公允价值变动收益		
投资收益		
二、营业利润		
加：营业外收入		
减：营业外支出		
三、利润总额		
减：所得税		
四、净利润		
五、每股收益		
（一）基本每股收益		
（二）稀释每股收益		

表 2-5-4　资产负债表（样表）

资产	期末余额	年初余额	负债及所有者权益（或股东权益）	期末余额	年初余额
流动资产			流动负债		
货币资产			短期借款		
交易性融资资产			交易性金融负债		
应收票据			应付票据		
应收账款			应付账款		
预付账款			预收账款		
应收利息			应付职工薪酬		
应收股利			应交税费		
其他应收款			应付利息		
存货			应付股利		

续表

资产	期末余额	年初余额	负债及所有者权益（或股东权益）	期末余额	年初余额
一年内到期的非流动资产			其他应付款		
其他流动资产			一年内到期的非流动负债		
流动资产合计			其他流动负债		
非流动资产			流动负债合计		
可供出售金融资产			非流动负债		
持有至到期投资			长期借款		
长期应收款			应付债券		
长期股权投资			长期应付款		
投资性房地产			专项应付款		
固定资产			预计负债		
在建工程			递延所得税负债		
工程物资			其他非流动负债		
固定资产清理			非流动负债合计		
生产性生物资产			负债合计		
油气资产			所有者权益（或股东权益）		
无形资产			实收资本（或股本）		
开发支出			资本公积		
商誉			减：库存股		
长期待摊费用			盈余公积		
递延所得税资产			未分配利润		
其他非流动资产			所有者权益合计		
非流动资产合计					
资产总计			负债和所有者权益（或股东权益）总计		

（三）财务风险

财务风险是指企业在财务活动中可能遭受损失的不确定性。它通常与企业的资本结构、盈利能力、现金流状况和市场环境等因素相关。财务风险可以分为几种类型，如表2-5-5所示。

表 2-5-5　财务风险类型

财务风险类型	说明
市场风险 （投资风险）	由于市场因素（如利率、汇率、商品价格和股价波动）的变化导致企业投资价值下降的风险
信用风险 （违约风险）	因债务人或交易对手未能履行合同义务而导致企业遭受损失的风险
流动性风险	企业在需要时无法以合理成本及时获得充足资金的风险
操作风险	由于内部流程、人员、系统或外部事件的失败或失误导致直接或间接损失的风险
融资风险	企业因融资成本上升、融资渠道受限或融资条件恶化而面临的风险
利率风险	由于市场利率变动导致企业财务成本或投资收益波动的风险
汇率风险	对于跨国企业，由于汇率变动导致财务成果波动的风险

三、企业营销管理

企业营销管理过程就是识别、分析选择和发掘营销机会，以实现企业的战略任务和目标的管理过程，这个过程包括分析和评价市场机会、研究和选择目标市场、制定营销组合策略和管理市场营销活动四个主要步骤，如表 2-5-6 所示。

表 2-5-6　企业营销管理步骤

步骤	内容	关键活动
分析和评价市场机会	识别和评估适合企业的市场机会	市场调研、需求分析、竞争分析、风险评估
研究和选择目标市场	确定最有潜力的市场细分并选择目标市场	市场需求测量、市场细分、目标市场选择、市场定位
制定营销组合策略	确定产品、价格、分销和促销策略	产品策略、定价策略、分销策略、促销策略
管理市场营销活动	规划、执行和监控营销活动以实现营销目标	营销计划制订、营销预算编制、营销组织建设、营销活动实施与控制、营销效果评估

四、企业顾客管理

　　企业在运营中无论提供的产品或服务多么好，但是缺少了顾客，就不会给企业带来利润和持续的发展。"顾客就是上帝"应被创业者高度重视。了解顾客、维护好顾客、以顾客为中心才能使企业长久发展。顾客管理内容如表2-5-7所示。

表 2-5-7　顾客管理内容

步骤	内容	关键活动
顾客关系建立	吸引潜在顾客，建立初步联系	市场营销、销售活动、顾客接触点管理
顾客信息管理	收集和分析顾客数据，建立顾客数据库	数据收集、数据库管理、数据分析
顾客分层与细分	根据顾客特征进行分层和细分	顾客价值分析、需求分析、行为分析
顾客满意度提升	提供高质量产品或服务，处理顾客反馈	产品质量保证、服务改进、顾客反馈机制
顾客忠诚度培养	设计忠诚计划，提供个性化服务	忠诚计划设计、个性化服务、顾客关怀
顾客生命周期管理	管理顾客从潜在到忠诚的整个生命周期	生命周期阶段划分、阶段策略制定
顾客价值最大化	提高顾客购买价值，优化资源配置	交叉销售、增值服务、顾客价值评估
顾客流失预防	监测流失迹象，采取预防措施	流失分析、预防策略、再营销活动
顾客体验优化	优化购买流程，提供多渠道服务	购买流程简化、多渠道服务、体验一致性
持续沟通与反馈	与顾客保持沟通，利用反馈持续改进产品或服务	沟通策略、反馈机制、持续改进

第三部分　任务训练

任务编号		建议学时	1 学时
任务名称		小组成员姓名	

一、任务描述

1. 演练任务：学会查询资料，熟悉新企业的注册流程与管理，提高创办和管理企业的综合素质和能力。

2. 演练目的：了解企业成立及注册流程。

3. 演练内容：发掘企业注册存在的问题，熟悉企业财务管理，懂得创业过程中的财务管理和资金分配方式，提高财务风险防范能力。以小组为单位，有序开展讨论并写下讨论结果。

二、相关资源

1. 苏勇 . 探索中国式企业管理 [J]. 企业管理，2024（1）：13-15。

2. 杨智骏，张露 . 数字经济背景下大学生创业机会识别能力研究 [J]. 科教文汇，2024（1）：20-23。

3. 魏丹枫 . 互联网经济下企业管理方案创新探究 [J]. 商场现代化，2024（1）：130-132。

4. 武英子 . 数字化技术在企业管理中的六大应用 [J]. 中国商界，2023（12）：174-175。

三、任务实施

1. 每个小组先确定小米公司成立过程的主题。小米公司正式成立于 2010 年 4 月，是一家专注于高端智能手机、互联网电视自主研发的创新型科技企业，主要由原就职于谷歌、微软、摩托罗拉、金山等知名公司的顶尖人才组建。选出主持人，并宣布相应规则，按时间展开小米公司成立的讨论。

2. 选择一个小组在班级中分享讨论结果。

四、任务成果

1. 获得的直接成果。

2. 获得的间接成果。

3. 个人体会（围绕任务陈述的观点）。

第四部分 任务评价

班级：　　　　　　　　　　　姓名：

序号	评价内容		配分	学生自评	学生互评/小组互评	教师评价
1	平时表现	1. 出勤情况。 2. 遵守纪律情况。 3. 学习任务完成情况，有无提问与记录。 4. 是否主动参与学习活动情况。	30			
2	创业知识	1. 了解企业的法律组织形式。 2. 了解企业的注册流程。 3. 了解财务报表的编制。 4. 熟悉企业销售策略。	20			
3	创业实践	编制"三张"财务报表。	30			
4	综合能力	1. 能否使用文明礼貌用语，有效沟通。 2. 能否认真阅读资料，查询相关信息。 3. 能否与组员主动交流、积极合作。 4. 能否自我学习及自我管理。	20			
总分			100			
教师评语						

日期：　　　年　　　月　　　日

第五部分　活页笔记

记录时间		指导教师姓名	

主要知识点：

1.

2.

3.

4.

5.

重点难点：

1.

2.

3.

学习体会与收获：

1.

2.

3.

第六部分 参考文献

［1］黎舜，彭扬华，赵宏旭．创新创业基础［M］．上海：上海交通大学出版社，2022．

［2］胡延华，何杰文，胡朝红，等．高职生创新创业实例解析［M］．海口：南方出版社，2020．

［3］徐刚．创业学［M］．重庆：重庆大学出版社，2014．

［4］张莹丹．论市场营销对企业的重要性［J］．现代交际，2013（2）：127．

［5］罗红．浅论顾客满意度的概念及其实现途径［J］．科学大众（科学教育），2011（1）：136．

第七部分 思考与练习

【教学资料】

课程视频

课件资料

项目三

评估创业团队

知识目标

1. 了解创业团队的概念及常见类型；
2. 掌握创业团队的组建程序、组织形式和社会职责；
3. 了解创业者特征及团队评估方法；
4. 了解创业团队的主要风险种类；
5. 掌握团队退出机制和激励机制。

能力目标

1. 具有处理团队建设和发展中相关问题的能力；
2. 具备自我评估能力，能够找出团队的优势和不足；
3. 具备分析和优化创业团队结构的能力；
4. 具备控制团队风险的能力。

素质目标

1. 强化学生服务国家和人民的社会责任感；
2. 培养开拓进取的创新实干的企业家精神、勇于担当的企业家情怀；
3. 强化学生的团队意识，培养团队合作精神和领导能力；
4. 培养学生的风险意识，树立科学的创业观。

重点难点

1. 如何选择和组建合适的创业团队；
2. 创业者如何开展有效的自我能力评估；
3. 如何结合团队实际进行合理的股权结构分配；
4. 如何将团队激励的有效机制实际运用到管理运营中去。

知识导图

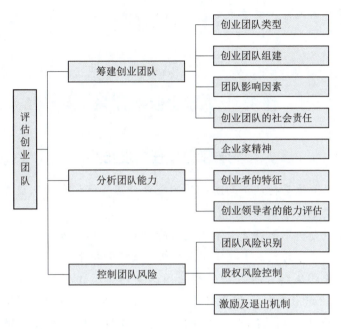

情境案例导入

团队的力量

在这个充满创新与机遇的城市——深圳，阳光透过云层，洒在深圳市智童中央厨房科技公司的大楼上，映照出一片繁荣的景象。然而，在这看似欣欣向荣的背后，陈浩和李灵艳却面临着团队内部的分歧，这团乌云笼罩在他们的心头。陈浩和李灵艳这两位激情满怀、意志坚定的团队领导并未被眼前的困难所击倒，他们决定通过一次团队会议来振奋士气，解决团队内部存在的问题。

会议室里，陈浩和李灵艳鼓励大家畅所欲言，分享各自的想法和困惑。起初，团队成员们还有些拘谨，不敢轻易表达自己的意见。陈浩看出了大家的顾虑，温和地说："大家别怕，我们是一个团队，只有大家齐心协力，才能让公司走出困境。"李灵艳接着说："没错，我们需要大家的意见和建议。只有共同面对，才能找到解决问题的办法。"

此时，阳光逐渐变得更加耀眼，透过树叶的缝隙洒下斑驳的光斑。这些光斑就像是希望的种子，在每个人心中播撒。随着讨论的深入，团队成员们发现了彼此之间沟通不畅、目标不明确等问题。为了解决这些问题，陈浩和李灵艳决定制订一份详细的项目计划，明确每个人的职责和任务，以确保工作的高效进行。他们深知，一个团队的成功离不开每个成员的努力和贡献，因此，他们鼓励大家充分发挥自己的优势，共同为公司的发展贡献力量。在他们的带领下，团队成员们逐渐找到了自己在项目中的定位，工作也变得更加有条理和高效。

为了解决人手不足的问题，陈浩和李灵艳主动承担了更多的工作，同时积极寻找外部合作伙伴。他们与其他公司展开合作，共同承担项目的一部分工作，以减轻团队的压力。

阳光洒在他们的身上，仿佛为他们注入了无限的活力和希望。他们深知，只要齐心协力，就没有克服不了的困难。在这个团队的共同努力下，深圳市智童中央厨房科技公司一定能够走出困境，迈向更加辉煌的未来。

创新创业名句

企业发展需要各种人才，需要很多管理干部，关键还是看能力。

——张士平

任务一　筹建创业团队

第一部分　任务发布

任务描述：陈浩和李灵艳认识到了团队的重要作用，他们和团队成员探讨如何组建一支高效、协同、有竞争力的创业团队。

任务分析：通过分析不同行业、不同发展阶段的创业团队案例，总结出成功的创业团队应具备的特点和要素，为创业者提供实用的组建策略和指导。

任务实施：首先收集和分析成功的创业团队案例，通过深入分析其团队类型、组建程序、角色定位、组织形式和社会责任等关键要素，总结出成功创业团队的核心因素。然后针对不同行业和不同发展阶段的创业团队进行分析，制定相应的团队组建策略。通过以上任务实施，形成一套实用的创业团队组建策略和方法，为未来的创业实践做好准备。

第二部分　知识学习

一、创业团队类型

（一）创业团队的定义

创业团队是指由具有共同目标的两个或两个以上的个体组成的，一起从事创业活动的团队，也是指在创业初期（包括企业成立前和成立早期），由一群才能互补、责任共担，愿为共同的创业目标而奋斗的人所组成的特殊群体。

（二）创业团队的类型

一般来说，创业团队大体上可以分为三种：星状创业团队、网状创业团队和从网状创业团队中演化出来的虚拟星状创业团队。

星状创业团队（如图3-1-1所示）一般有一个核心领导人物，充当了领军者的角色。

网状创业团队（如图3-1-2所示）的成员一般在创业之前都有密切的关系，比如同学、亲友、同事、朋友等。一般都是在交往过程中，共同认可某一创业想法，并就创业达成了共识以后，开始共同创业。

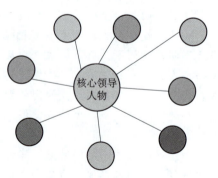

图3-1-1　星状创业团队

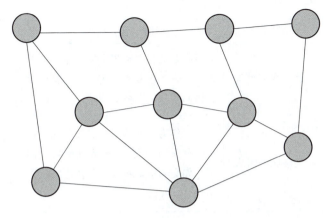

图 3-1-2　网状创业团队

星状创业团队有明显的核心领导，能够快速决策和行动。但如果核心领导能力不足，团队可能会面临失败的风险。网状创业团队则具有较高的灵活性和适应性，成员之间相互协作，能够根据需要调整角色和职责。但网状创业团队也可能存在沟通不畅、决策缓慢的问题。因此，演化出了虚拟星状创业团队。这种创业团队结合了星状和网状的优势，既有明确的核心领导，又具备较好的灵活性和适应性。但是虚拟星状创业团队需要良好的沟通和协作机制，以便避免潜在的冲突和分裂。

除了上述创业团队分类，近年来，众多学者在研究团队的过程中，对团队的类别划分进行过不同的阐述，如表 3-1-1 所示。

表 3-1-1　国外学者对团队的分类

学者	团队分类	团队特点/举例	划分标准
古德曼	概念化团队	研发团队	概念与行为的程度
	行为团队	生产与业务推广团队	
	中间化团队	品质管理、管理团队等	
Susanne Gscott 和 Walte Einstein 等人	静态团队	全职的团队成员全程参与，共同处理团队存在时间里的一切事务	团队预期的存在时间与成员的稳定性、成员工作时间的分配
	动态团队	因为任务的出现而存在，随着任务的完成即解散的团队	
斯蒂芬·罗宾斯	问题解决型团队	每周几小时相聚，没有权力单方面行动	团队成员的来源、拥有自主权的大小以及存在目的的不同
	自我管理型团队	一种真正独立自主的团队，注重自主解决问题，并承担工作结果的全部责任	
	多功能团队	目的是完成某一项复杂的项目	

续表

学者	团队分类	团队特点/举例	划分标准
彼得·德鲁克	棒球队型团队	所有队员都在队里发挥作用，但不作为一支队伍发挥作用，如外科手术队伍和福特汽车公司	对团队成员行为的要求
	足球队型团队	队员作为一支队伍在发挥作用，且每个队员和其他队员起相互配合作用，如交响乐队和深夜急救心脏病人小组	
	网球双打队型团队	相互掩护，随时调整自己以适应其他人的长处与弱点。这种队伍较小，如小型爵士乐队、大公司高级管理人员、科研开发小组及创业者团队等	

二、创业团队组建

创业路上有伴同行，相互帮助，相互扶持，携手共进，这条路就会走得轻松许多。创业团队的组建是否合理、工作方式是否有效，直接影响企业发展，对企业的成功起着举足轻重的作用。创业团队组建有目标明确合理、优势互补、精简高效和动态开放四个原则，如图3-1-3所示。

图3-1-3　创业团队组建的原则

（一）创业团队的组建过程

一般创业团队的组建过程应该遵循以下五个步骤：第一，明确团队的目标和愿景，确保所有成员对未来的发展方向有共同的理解；第二，制订详细的计划，包括业务策略、市场定位和时间表等；第三，根据计划的需要招募具备互补技能和经验的成员，形成一个多元化的团队；第四，在团队成员确定后，进行职权划分，明确每个成员的角色和职责；第五，通过一段时间的运营和调整，促进团队成员之间的融合，提升团队的凝聚力和执行力（如图3-1-4所示）。

（二）创业团队的建设阶段

著名管理学家布鲁斯·塔克曼有关团队发展的五个阶段的观点被奉为规范（如图3-1-5

明确目标	制订计划	招募人员	职权划分	调整融合
创业团队必须统一目标，坚定信念，才能共同克服困难，取得成功	创业团队需要制订详细的计划，以逐步实现每个阶段的目标，从而最终实现整体的创业目标	招募成员时，应注重成员之间的互补性和团队规模的适度性，以形成优势互补、团结高效的团队	执行创业计划时须尽量细化每个成员的职责，明确分工和应享的权限，既要避免职权的交叉重叠，又要避免疏漏导致无人承担	这是一个持续的过程，需要成员间有效沟通与协调，并根据企业发展进行适当的人员和职权调整

图 3-1-4　创业团队的组建过程

所示），这五个阶段分别为组建期、激荡期、规范期、执行期和调整期。布鲁斯·塔克曼认为这五个阶段是所有团队建设所必需的、不可逾越的，团队在成长、迎接挑战、处理问题、发现方案、规划、处置结果等一系列经历过程中必然要经过上述五个阶段。

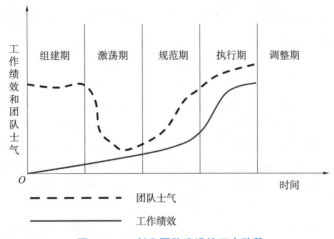

图 3-1-5　创业团队建设的五个阶段

（三）创业团队的常见形式

一般而言，创业团队在创业投资时可采用的组织形式主要有公司制、合伙制两种，两种形式各有特点。创业投资采用公司制形式，即设立有限责任公司或股份有限公司，运用公司的运作机制及形式进行创业投资（如图 3-1-6 所示）。

图 3-1-6　公司制团队架构

合伙制是指依法在中国境内设立的由各合伙人订立合伙协议，共同出资合伙经营、共享收益、共担风险，并对合伙企业债务承担无限连带责任的营利性的经营组织，其组织架构如图 3-1-7 所示。

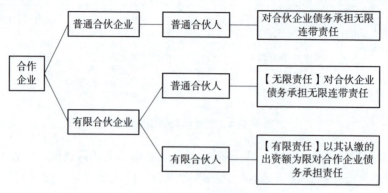

图 3-1-7　合伙制团队架构

公司制与合伙制的区别在于公司制是资合与人合的统一，而合伙制则主要是人合，其优劣势比较如表 3-1-2 所示。

表 3-1-2　公司制与合伙制的优劣势比较

组织形式	优势	劣势
公司制	• 法律地位独立； • 融资渠道广； • 组织结构规范； • 适合大型企业	• 决策效率低； • 股东与经营者利益有可能冲突； • 股东数量有限制； • 维护成本高
合伙制	• 管理灵活； • 共同出资经营，风险共担； • 利润分配公平； • 适合小型企业或初创企业	• 融资渠道有限； • 风险较高； • 稳定性较差； • 组织结构简单

三、团队影响因素

创业团队的组建受多种因素的影响，这些因素相互作用，共同影响组建过程，并进一步影响团队建成后的运行效率，如图 3-1-8 所示。

创业者	商机	团队目标与价值观	团队成员	外部环境
创业者的个人能力和认知决定团队的构建和组成	商机类型决定了团队的类型和策略	共同的目标和价值观是团队协同的基础	成员的能力和互信是团队成功的关键	外部环境影响团队的发展需求和策略

图 3-1-8　团队的五个影响因素

四、创业团队的社会责任

习近平总书记在企业家座谈会上指出："企业既有经济责任、法律责任，也有社会责任、道德责任。"近年来，越来越多企业家在创造就业机会、促进地方经济发展的同时，积极投身公益事业。

（一）企业社会责任的内涵

企业社会责任的概念是基于商业运作必须符合可持续发展的想法，企业除了考虑自身的财政和经营状况，也要加入对社会和自认环境所造成的影响的考量，如图3-1-9所示。这里的利益相关者是指所有可以影响或会被企业的决策和行动所影响的个体或群体，包括员工、顾客、供应商、社区团体、母公司或附属公司、合作伙伴、投资者和股东等。

图3-1-9 企业的社会责任

（二）企业社会责任的内容

企业的社会责任包括：维持证券价格和股息稳定、保障职工福利和工作条件、支持政府和遵守法律、保障供应者权益、尊重债权人合同、保障消费者权益、贡献社区环境和社会发展、积极参与行业活动、公平竞争和提升企业产出、支持特殊利益集团。

第三部分　任务训练

任务编号		建议学时	1 学时
任务名称		小组成员姓名	

一、任务描述

1. 演练任务：模拟组建一个创业团队，根据行业特点和市场环境，选择合适的团队类型和组织形式，并寻找合适的合作伙伴。

2. 演练目的：通过模拟创业团队组建过程，学会寻找创业团队成员，根据行业特点和市场环境，确定适合的团队类型和组织形式。同时，提高团队协作能力，培养创业精神、创业思维和社会责任感，为未来的创业实践打下基础。

3. 演练内容：根据行业特点和市场环境，选择适合的团队类型和组织形式；制定团队成员的筛选标准，并根据这些标准寻找合作伙伴。

二、任务实施

1. 围绕自己的专业，通过网络、文献或企业调研，分析本专业所属行业的特点和市场环境。

2. 根据调查结果，模拟建立创业团队，你会采用哪种团队类型和组织形式？简单说明选择依据。

3. 根据所学知识，确定自己团队的目标和愿景。

4. 制定你选择创业团队成员的标准，并寻找身边可能成为你合作伙伴的同学进行分享。

三、任务成果

1. 获得的直接成果。

2. 获得的间接成果。

3. 个人体会（围绕任务陈述的观点）。

第四部分 任务评价

班级： 姓名：

序号	评价内容		配分	学生自评	学生互评/ 小组互评	教师评价
1	平时表现	1. 出勤情况。 2. 互动与提问情况。 3. 任务实施与完成情况。	30			
2	创业知识	1. 是否熟悉创业团队的常见类型。 2. 掌握创业团队的组建程序、组织形式和社会职责。	20			
3	创业实践	组建相对合理的创业团队。	30			
4	综合能力	1. 能否进行有效的团队沟通。 2. 能否识别潜在合作伙伴。	20			
	总分		100			
教师评语						

日期： 年 月 日

第五部分　活页笔记

记录时间		指导教师姓名	

主要知识点：

1.

2.

3.

4.

5.

重点难点：

1.

2.

3.

学习体会与收获：

1.

2.

3.

第六部分　参考文献

［1］高慕. 这才叫创业合伙人：从携程、如家到汉庭的启示 ［M］. 广州：广东经济出版社有限公司，2016.

［2］邓显勇. 领导者特征与团队类型的匹配 ［J］. 中国人力资源开发，2002（2）：29-31.

［3］陆根书，刘胜辉. 大学生创新创业基础 ［M］. 北京：北京理工大学出版社，2016.

［4］仲大军. 当前中国企业的社会责任 ［J］. 中国经济快讯，2002（38）：26-27.

［5］张汝山. 大学生创新创业指导 ［M］. 北京：国家行政学院出版社，2016.

［6］薄赋徭. 创新创业基础 ［M］. 北京：高等教育出版社，2021.

第七部分　思考与练习

【教学资料】

课程视频

课件资料

【拓展资料】

创新创业名句

在创业时期中必须靠自己打出一条生路来，艰苦困难即此一条生路上必经之途径，一旦相遇，除迎头搏击无他法，若畏缩退避，即等于自绝其前进。

——邹韬奋（为新中国成立作出突出贡献的英雄模范）

任务二 分析团队能力

第一部分 任务发布

任务描述：在陈浩和李灵艳的带领下，团队的工作变得更加有条理和高效。他们通过对成功的创业者特征进行深入研究，形成创业者画像，以便更好地了解成功创业者的特征，并为团队组建和创业指导提供参考依据。

任务分析：此任务需要进行广泛的调研，以深入了解成功的创业者的特征和行为。同时，需要将研究结果进行整合和分析，形成全面准确的创业者画像。

任务实施：通过文献综述、案例分析、专家访谈以及数据整合和分析，将形成一个全面准确的创业者画像，涵盖其所具备的特征、行为、技能和成功经验等，以便更好地了解创业者的成功之路。

第二部分 知识学习

一、企业家精神

党的二十大报告要求："完善中国特色现代企业制度，弘扬企业家精神，加快建设世界一流企业。"企业是市场的重要主体，企业和市场的发展都依赖于创新实干的企业家精神。当前经济发展新常态背景之下，更需要发扬敢为人先、爱拼才会赢的企业家精神，进一步激发市场蕴藏的活力，推动中国经济凤凰涅槃、转型升级。强调企业家精神是从根本上为中国经济发展作出的筹谋。

二、创业者的特征

创业活动是由创业者主导和组织的商业冒险活动，要成功创业，不仅需要创业者富有开拓创新事业的激情和冒险精神、面对挫折和失败的勇气和坚忍，以及其他优良的品质素养，还需要具备解决和处理创业活动中各种挑战和问题的知识与能力。总结分析那些成功企业家或创业者的个性特征，都有共同之处，如表3-2-1所示。

表3-2-1 创业者的特征

创业者特征		主要内容
心理特征	成就需要	创业者希望创业成功，某种程度上有达到个体自我实现需要的满足。创业者希望承担决策的个人责任，喜欢具有一定风险的决策，对决策结果感兴趣，不喜欢单调、重复性的工作

续表

创业者特征		主要内容
心理特征	自信	创业者对自我实现创业成功的坚定信仰，是对自我的信念和敢于全力担当的内心动力
	开放的心态	开放的心态可以使创业者发现更多的创业机会，能够认识到自己的局限性和改进的必要性，意志坚定但不僵化，不拒绝改变
	创业精神	创业精神是创业团队集体的精神状态和对事业所持的态度。创业者要发扬创业精神，没有创业精神的创业不能称为创业，更不会成功
行为特征	独立性	创业者思想上具有独立性，承认专家权威的存在，但不盲目听从他们的建议，而是要用自己的头脑去思考他们所提出的建议是否可用。这种思想的独立是创业者的基本素质之一
	创造性	在市场竞争中，创业者要善于独辟蹊径，无论在产品生产、包装盒设计上，还是在销售方式、售后服务等方面都要有创造性，凸显竞争力
	进攻性	创业者勇于尝试、主动出击，充分发挥自己的主观能动性，从而发现并抓住创业机会，踏上成功之路
	坚忍不拔	创业者在面临挫折和失败时，能够靠坚忍不拔的精神去克服困难，凭借顽强的毅力去承受失败的打击
能力特征	领导能力	领导能力指领导者引导团队成员去实现目标的能力，领导者要激励成员跟随自己去要去的地方，不是简单的服从
	专业技能	企业管理中的专业技能指对某一具体业务规范的驾驭和把握的技巧与能力，专业技能可以看作企业经营与管理中和管理技能、领导技能并列对应的一个概念
	自我管理	自我管理是指个体对自己本身的管理，对自己的目标、思想、心理和行为等表现进行的管理，自己把自己组织起来，自己约束自己，自己激励自己，自己管理自己
	创新能力	创新能力是运用知识和理论，在科学、艺术、技术和各种实践活动领域中不断提供具有经济价值、社会价值、生态价值的新思想、新理论、新方法和新发明的能力
	谈判能力	谈判能力是指谈判人员所具备的更好地完成谈判工作的特殊能力，包括思维能力、观察能力、反应能力和表达能力
	管理能力	管理能力从根本上说就是提高组织效率的能力。创业者若要准确地把握组织效率，需具备下列三种管理能力：全面而准确地制定效率标准的能力、对工作水平与标准之间的差距的敏锐洞察能力、纠正偏差的能力

续表

创业者特征		主要内容
能力特征	预见判断能力	预见判断能力是指创业者根据事物的发展特点、方向、趋势所进行的预测、推理的一种思维能力，是通过敏锐分析评估面临的情况和情景迅速做出准确结论的能力
	应变协调能力	应变协调能力是指创业者在企业的内部管理和对外经营中遇到突发事件时，能够通过积极的沟通和协调，使事件得到有效的解决或按照创业者期望的方向发展的能力

三、创业领导者的能力评估

（一）创业领导者的角色与行为策略

1. 创业领导者的角色扮演

创业领导者扮演了指导者、促进者、交易者、生产者及风险承担者的角色（如图 3-2-1 所示）。首先要在对创业动机、目标和前景进行认真的评估后，才能得出是否需要组建团队的结论。如果确定要组建一个团队，创业领导者就要进一步考虑需要组建什么样的团队以期获得创业成功所必备的条件和资源。

2. 创业领导者的行为策略

创业领导者的行为策略包括确立明确的团队发展目标、合理挑选和使用人才，以及建立责权利统一的团队管理机制，以促进团队协作与成功，如表 3-2-2 所示。

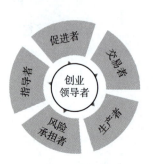

图 3-2-1 创业领导者
的角色

表 3-2-2 创业领导者的行为策略

目标	人才	机制
确立明确的团队发展目标：目标在团队组建过程中具有特殊的价值，是一种有效的激励因素——共同的未来目标是创业领导者带领创业团队克服困难、取得胜利的动力。也只有目标一致，创业领导者和团队成员才能齐心协力取得最终的成功	合理挑选和使用人才：创业领导者的认知水平、创业技能、创业能力和思想意识从根本上决定了选择由哪些成员组成团队。创业领导者挑选团队成员时要考虑的是团队成员是否可以弥补自身知识、技能、能力与创业目标之间存在的差距，根据团队的需要，选择拥有什么专长、具有什么社会关系网、何种实际工作能力和团队成员。团队成员各司其职，各展所长，让团队欣欣向荣	团队的责权利统一：成功的企业必须制定组织策略和管理机制。一方面，创业领导者要妥善处理创业团队内部的权力关系；另一方面，创业领袖还要妥善处理好创业团队内部的利益关系，即企业的报酬体系，不仅包括股权、工资及奖金等金钱报酬，还包括个人成长机会和相关技能培训等方面

（二）创业领导者的素质和能力

创业领导者需要具备多种素质和能力，以应对挑战和领导团队的发展。这些素质和能力包括：强大的领导力，善于学习、自我管理、心态平和、不急功近利，愿景明确、恩威并用，充分利用人脉关系（如表3-2-3所示）。有了这些素质和能力，创业领导者可以更好地领导团队在快速变化和竞争激烈的商业环境中取得成功。

表 3-2-3　创业领导者的素质和能力

创业领导者素质	相应能力
强大的领导力	创业领导者的领导力对创业团队的管理具有核心作用。创业领导者要恰当地运用权力因素与非权力因素，树立权威使组织成员凝聚在自己周围
善于学习、自我管理	创业领导者既要加强学习、提高素质，又要树立良好形象，加强管理；要注重严于律己，以身作则，以领导魅力带动、影响、促进团队成员改进工作，为实现团队共同目标而努力奋斗
心态平和、不急功近利	遇到阻碍不灰心，取得成绩不沾沾自喜，一步一步接近自己的目标，始终保持良好的心态，这是创业领导者魅力的核心部分，因为一个创业领导者遇到的困难要比任何一个下属遇到的都要多、都要严重
愿景明确、恩威并用	好的创业领导者能够树立企业愿景目标，对团队的目标坚定不移，信心坚定；对每一个团队成员都有恩情，但对他们从来都是赏罚分明
充分利用人脉关系	人脉关系是创业领导者至关重要的资源，充分利用这个资源有利于团队目标的实现

第三部分 任务训练

团队成员先完成表3-2-4的创业素质测评，根据测评结果和自我分析总结完成任务训练。

任务编号		建议学时	1学时
任务名称		小组成员姓名	

一、任务描述

1. 演练任务：对团队成员的创业素质进行评估和测试。

2. 演练目的：评估团队成员的创业能力和潜力，为团队成员提供自我认知和发展方向。

3. 演练内容：完成一份创业素质测评表，总结思考自身的创业素质。

二、任务实施

通过创业素质测评表显示的结果，结合自身情况，请你思考以下问题：大学生应有的创业素质是什么？你喜欢的创业行业有哪些？如果你要创业，主要能力有哪些？你的创业动机是什么？请你试着给出一个综合考虑后的团队成员个人资质总结说明。

三、任务成果

1. 获得的直接成果。

2. 获得的间接成果。

3. 个人体会（围绕任务陈述的观点）。

表 3-2-4　创业素质测评

评估内容		自我评估			他人评估		
		优势	劣势	不确定	优势	劣势	不确定
企业家精神	创新：创造性地解决问题						
	冒险：敢于承担风险						
	合作：善于与他人进行合作						
	敬业：把现有工作当成事业成功内在需求						
	学习：持续学习，终身学习						
	责任：敢于承担责任						
	执着：百折不挠、坚持不懈的毅力和意志						
	诚信：说得到做得到						
知识素质	专业技术知识：生产产品、提供服务的实践知识						
	经营管理知识：有效经营企业所需的知识						
	行业相关知识：较为丰富的知识面						
能力素质	领导能力：善于领导团队，能够有效地激励他人						
	决策能力：果断地做出决策						
	营销能力：具备良好的市场营销技能						
	交际能力：善于沟通，妥善处理内外部关系						
	人力管理能力：善于发现、使用、培养人员						
	战略管理能力：眼光长远，能从总体上把握形势						
	组织管理能力：高效科学地组织人员						
	信息管理能力：善于收集、整理与分析信息						
	文化管理能力：善于塑造积极向上的组织氛围						
身心素质	身体素质：具有健康的体魄和充沛的精力						
	自信心：充满自信，坚持信仰如一						
	独立性：善于独立思考、独立工作						
	坚忍性：百折不挠、坚持不懈的毅力和意志						
	敢为性：敢于实践，敢冒风险						
	克制性：善于克制，防止冲动						
	适应性：灵活地适应各种变化						
总计							
优势（合计）		劣势（合计）		不确定（合计）			

温馨提示：通过创业素质测评，得出优势、劣势、不确定的具体分数，然后进行比较：如果优势多，说明你的创业潜质较高；如果劣势多，说明你目前还存在短板；如果不确定较多，说明自我认知或他人对你的认识不足，需要进一步使用其他的测评方法。

第四部分　任务评价

班级：　　　　　　　　　　姓名：

序号		评价内容	配分	学生自评	学生互评/ 小组互评	教师评价
1	平时 表现	1. 出勤情况。 2. 互动与提问情况。 3. 任务实施与完成情况。	30			
2	创业 知识	1. 创业者自我能力评估情况。 2. 创业团队结构优化情况。	20			
3	创业 实践	创业者画像调研成果丰富，且质量 较高，形成调研报告。	30			
4	综合 能力	1. 查询与整理资料信息情况。 2. 沟通与表达交流情况。 3. 对于企业家精神理解。	20			
总分			100			
教师 评语						

日期：　　年　　月　　日

第五部分 活页笔记

记录时间		指导教师姓名	

主要知识点：

1.

2.

3.

4.

5.

重点难点：

1.

2.

3.

学习体会与收获：

1.

2.

3.

第六部分　参考文献

［1］彭伟，殷悦，郑庆龄. 国内外社会创业研究的全景比较：知识框架、热点主题与演进脉络［J］. 管理学季刊，2022，7（2）：163-184，196-197.

［2］沈小滨. 创新，从领导力开始［J］. 企业管理，2022（10）：14-19.

［3］康丽，张燕，陈涛，等. 企业战略管理［M］. 南京：东南大学出版社，2012.

［4］孔洁珺. 大学生创业价值观教育研究［M］. 北京：中国人民大学出版社，2021.

［5］黄建春，罗正业. 人力资源管理概论［M］. 重庆：重庆大学出版，2020.

［6］李时椿，常建坤. 创新与创业管理［M］. 南京：南京大学出版社，2017.

第七部分　思考与练习

【教学资料】

课程视频

课件资料

创新创业名句

　　市场如战场，竞争像打仗，将军很重要，这就需要我们企业家起到带头作用。企业领导要有敢为人先的创新意识和锲而不舍的毅力，要坚持，不放弃。

——王传福

任务三　控制团队风险

第一部分　任务发布

　　任务描述：陈浩和李灵艳在完成团队的组建、分析团队的能力后，接下来需要考虑如何提高团队成员的积极性，提高团队整体绩效，并在必要时有效处理团队内部问题，确保团队的稳定和高效运作。为此他们需要设计团队激励机制和退出机制。

　　任务分析：制订激励计划、设置退出机制，须基于团队成员需要、人性趋利避害本能、资源制约、时间限定等因素，把任务分解成可执行的各个子方案。

　　任务实施：通过团队协商研讨、案例学习等方式编写团队激励机制和退出机制方案。激励机制应包含确定激励目标、制定奖励方式、营造氛围、考核激励效果。退出机制方案应包含明确退出条件、沟通方式、协助退出等相关内容。

第二部分　知识学习

　　在任何团队或组织中，风险管理都是一个至关重要的环节。特别是在创业团队管理中，风险如果不能得到有效的控制和管理，可能会导致巨大的损失甚至团队的瓦解。

一、团队风险识别

　　团队风险识别是风险管理的第一步，它涉及对潜在的、可能对团队或组织造成不利影响的因素进行识别和评估。大多数情况下，团队冲突可能会引发或加剧团队风险。例如，当团队成员之间存在激烈的争议或分歧时，可能会导致团队决策的延迟或失误，从而增加市场风险和技术风险。因此，在管理团队时，应该注意控制和化解团队冲突，并加强风险管理。

（一）团队冲突的类型

　　团队冲突根据不同的划分方法可以分为不同的类型，如表3-3-1所示。一般来说，组织内部的团队成员之间需要适当的建设性冲突，破坏性冲突则应该被降低到最低限度。

表3-3-1　团队冲突类型

分类依据	种类	定义	形成原因或特点
根据冲突的社会性程度分类	个体心理冲突	是指个体心理中两种不相容的或互相排斥的动机形成的冲突	个体动机截然不同
	人际冲突	是指团队内个体与个体的冲突	信息原因、认识原因、价值原因、利益原因、个性与品德原因

分类依据	种类	定义	形成原因或特点
根据冲突的社会性程度分类	团队与团队间的冲突	是指在组织内，团队与团队间的认知冲突、目标冲突、行为冲突及情感冲突等	组织原因、竞争原因、工作性质特点的原因和团队素质的原因
根据冲突的性质分类	建设性冲突	是指在目标一致的基础上，由于看法、方法不一致而产生的冲突，它的发生和结果对组织具有积极意义	冲突双方对实现共同的目标都十分关心；彼此乐意了解对方的观点、意见；大家以争论问题为中心；互相交换情况不断增加
	破坏性冲突	是指在目标不一致时，各自为了自己或小团队的利益，采取错误的态度与方法发生的冲突	双方对赢得自己观点的胜利十分关心，不愿听取对方的观点、意见；由问题的争论转为人身攻击；互相交换情况不断减少，以致完全停止

（二）团队冲突产生的原因

导致团队之间冲突的原因很多，只有对症下药，才能改善和优化团队之间的关系，提高组织的整体竞争力。团队冲突产生的原因主要有以下几种：资源竞争、目标冲突、相互依赖性、责任模糊、地位斗争和沟通不畅等（如图 3-3-1 所示）。

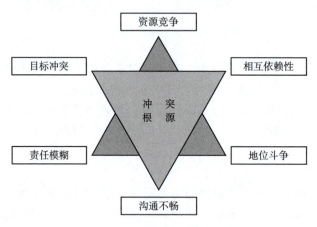

图 3-3-1　团队冲突产生的原因

（三）团队冲突管理

团队冲突管理的方法有很多，优化股权结构设置是其中的一种。合理地设置股权结构可以降低冲突的风险，因为它明确了各个股东的权利和责任，使得股东之间的利益更加清晰。在这种情况下，股东之间的利益冲突可以被降低，因为每个股东都清楚自己的权益，不会轻易地去侵犯其他股东的利益。此外，还可以通过树立共同目标、建立沟通机制、明确规则流程、设立调解机制、建立信任关系等方法来化解冲突（如图 3-3-2 所示）。

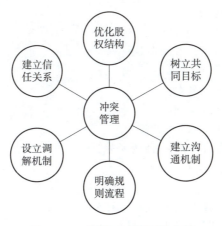

图 3-3-2　团队冲突管理的方法

二、股权风险控制

（一）股权结构分配

股权风险控制主要涉及公司或团队的股权结构、股东权益和相关法律责任等方面，应制定详细的股权方案，与股东签订协议明确权利与义务，设立股东会和董事会等决策和监管机构。

股权分配是创业团队建立中重要的一环，不仅要明确团队价值观，还要建立明确的规则，最终让各股东达成共识。股权的本质至少体现在两个方面：一是股东参与公司经营管理的权利；二是股东从公司获取经济利益的权利。企业股权中隐含的各种权利如图 3-3-3 所示。

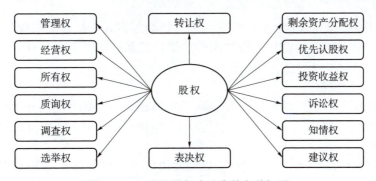

图 3-3-3　企业股权中隐含的各种权利

在企业中，由于股东的种类以及持股比例不同，从而导致不同的股权结构，概括起来，主要有高度集中型股权结构、适度分散型股权结构和高度分散型股权结构三种类型，其特点如表 3-3-2 所示。

表 3-3-2　不同股权结构的特点

类型	特点
高度集中型	• 少数股东； • 大股东绝对控股； • 其他股东占少量股票； • 受制于大股东
适度分散型	• 若干大股东； • 股权集中度； • 机构法人互相持股； • 法人股东适度行使最终控制权
高度分散型	• 股权高度分散； • 不存在大股东； • 股东容易互相推诿、搭便车； • 容易出现内部人控制现象

（二）股权结构的设计

股权结构设计一般遵循共享利润、落实期权制度和动态调整股权三个原则，如图 3-3-4 所示。

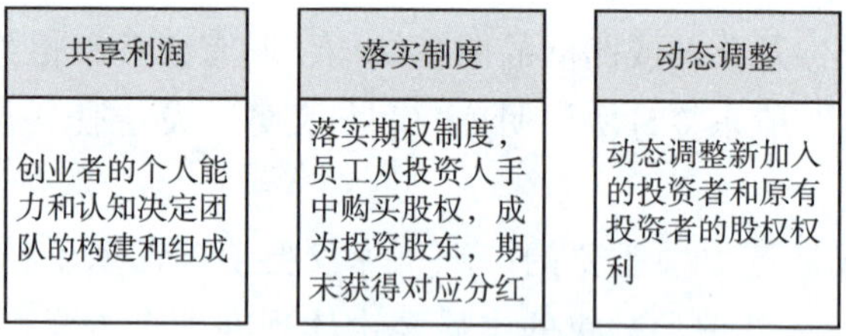

共享利润	落实制度	动态调整
创业者的个人能力和认知决定团队的构建和组成	落实期权制度，员工从投资人手中购买股权，成为投资股东，期末获得对应分红	动态调整新加入的投资者和原有投资者的股权权利

图 3-3-4　股权结构设计原则

三、激励及退出机制

激励及退出机制采用股权激励、奖金、晋升机会等方式来激励团队成员，使他们更有动力为团队的成功付出。同时也应设立明确的退出机制，如员工持股计划、股票期权等，使团队成员在必要时可以安全、有保障地退出。

（一）团队激励机制

团队激励机制是一套反映激励主体与激励客体相互作用的理性化制度，具体内容包括目标激励、奖励激励、竞争激励、关怀激励、培训激励、授权激励和文化激励等，如图 3-3-5 所示。

这些激励机制可以单独或组合运用，以激发团队成员的积极性、提高团队绩效。团队激励机制的具体措施包括设置明确目标、提供物质或精神奖励、引入竞争机制、关心团队成员需求、提供培训机会、赋予权利和建立良好的团队文化等。通过这些措施，达到提高团队绩效和增强团队凝聚力的目的。

（二）团队退出机制

一般来说，合伙人退出的情况有四种：在公司盈利时退出、在公司亏损时退出、撤全资退出和另起炉灶。

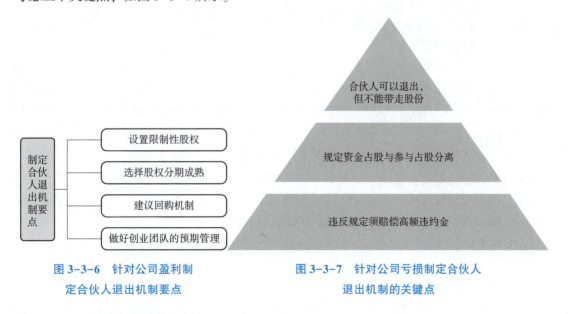

目标激励	奖励激励	竞争激励	关怀激励	培训激励	授权激励	文化激励
设定明确目标，激发团队成员积极性，明确工作方向和收益	根据表现给予物质或精神奖励，增强成就感、满意度和忠诚度	引入竞争机制，激发创新和进取心，如业务竞赛、优秀员工奖	关心成员工作、生活和情感需求，营造温馨团队氛围，增强归属感	提供培训和发展机会，提升技能和能力，增强职业竞争力	赋予成员权利和决策参与，发挥主观能动性，提高工作积极性和责任感	建立良好团队文化，强化团队价值观，增强团队凝聚力

图 3-3-5　团队激励机制的内容

1. 在公司盈利时退出

在公司发展形势大好的时候，公司处于上升期，这时公司的正常运营需要投入较多的资金，与此同时，公司的盈利也会较多。如果这时有合伙人提出退出，并要求带走股份以及按股份分享公司的利润，毫无疑问，这将会给公司的资金带来巨大的压力，影响公司的发展。为了应对这种情况，最好在合伙创立公司之初就制定合伙人退出机制，其要点如图 3-3-6 所示。

2. 在公司亏损时退出

在公司发展形势不好的时候，有合伙人提出要退出，该怎么办？在公司运营过程中，没有人敢保证公司的运营情况会一直处于良好状态，所以，在制定合伙人退出机制时，要考虑三个关键点，如图 3-3-7 所示。

图 3-3-6　针对公司盈利制定合伙人退出机制要点

图 3-3-7　针对公司亏损制定合伙人退出机制的关键点

3. 撤全资退出

撤全资退出是一种常见的合伙人退出形式。在制定合伙人退出机制的时候，一定要规定撤出资金的比例，并给予严厉的惩罚。例如，合伙人一旦提出撤全资退出，就需要支付公司当前利润 3 倍的金额作为违约金，同时不予其带走股份，而是由公司以低于市场价的价格回购，如表 3-3-3 案例所示。

表 3-3-3　某连锁机构的合伙人退出机制

退出情形	退出情形界定	合伙人投资款	合伙分红	授权
主动退出	个人申请中途退出，合伙人身份转为员工，公司同意	退回：分两次退回	个人核算分红×50%×2	终止
	请假：考勤迟到/旷工/任何假期超30天	正常返岗：80%；非正常返岗：70%	个人核算分红×80%/70%	
	调岗/委派拓展等	调岗：退回本金；委派：保留一年	个人核算分红×50%	
被动退出	辞职	退回80%	个人核算分红×80%	终止
	被公司开除	退回50%	无	终止
	违反合伙协议被强制退出	不退回	按协议处理	终止
	降职：连续8个月业绩不达标/出现重大失误	原有分红降低1%	个人核算分红×50%	终止
	退休：达到法定年龄退休	按实际月均业绩核算、结算退回本金	个人核算分红×100%	终止
当然退出	合伙人因不可抗力的影响无法继续履行合伙协议：重大疾病、病故或服刑等	按实际月均业绩核算、结算退回本金	个人核算分红×100%	终止
协议退出	双方协商达成一致退出	协商	协商	终止

4. 另起炉灶

合伙人退出的理由有千百种，其中，有一种理由是其他合伙人难以接受的，那就是合伙人因为另起炉灶而要求退出。如果创业者不幸遇到了这种情况，也不要沮丧，可以按照事先签订的合伙协议来处理。合伙协议是保障所有合伙人合法权益的法律文书，涉及合伙的项目，因此要签订合伙协议，以保障自己团队的利益。

第三部分　任务训练

任务编号		建议学时	1 学时
任务名称	团队风险识别	小组成员姓名	

一、任务描述

1. 演练任务：团队风险识别是风险管理的第一步，它涉及对潜在的、可能对团队或组织造成不利影响的因素进行识别和评估。团队需要对当前项目或工作过程中可能出现的风险进行识别和评估，以便及时采取措施进行管理和应对。

2. 演练目的：通过演练，培养团队成员对风险的敏感性和认识能力，提高团队整体风险意识，加强团队对潜在风险的识别和评估能力。

3. 演练内容：根据目前团队组建及股权分配情况，组织团队成员进行头脑风暴或其他相关的讨论活动，以识别出可能的风险。然后对每个识别出的风险进行分析和评估，包括可能性、影响程度和优先级等方面。最后，制定针对每种风险的策略和预案。

二、任务实施

首先，团队通过讨论建立一个风险登记册或风险清单，记录所有识别出的风险。其次，采用 SWOT 分析、风险矩阵或其他风险评估工具来识别不同类型的风险，如市场风险、操作风险、财务风险等。再次，有针对性地制定风险应对策略，包括风险规避、风险转移、风险减轻或风险接受。最后，需要罗列明确责任人和时间表，监测风险的执行情况，并及时调整风险，形成一份团队风险应对策略和预案。

三、任务成果

1. 获得的直接成果。

2. 获得的间接成果。

3. 个人体会（围绕任务陈述的观点）。

第四部分　任务评价

班级：　　　　　　　　　　　　姓名：

序号		评价内容	配分	学生自评	学生互评/小组互评	教师评价
1	平时表现	1. 出勤情况。 2. 互动与提问情况。 3. 任务实施与完成情况。	30			
2	创业知识	1. 是否熟练运用 SWOT 分析、风险矩阵或其他风险评估工具。 2. 制定相应的管理策略，降低风险带来的负面影响。	20			
3	创业实践	监测风险情况，及时调整，形成一份团队风险应对策略和预案。	30			
4	综合能力	1. 查询与整理资料信息情况。 2. 沟通与表达交流成效明显。 3. 思维严谨，分析条理逻辑清晰。	20			
总分			100			
教师评语						

日期：　　年　　月　　日

第五部分　活页笔记

记录时间		指导教师姓名	

主要知识点：

1.

2.

3.

4.

5.

重点难点：

1.

2.

3.

学习体会与收获：

1.

2.

3.

第六部分　参考文献

［1］陈冲. 创业团队动态股权激励机制：理论与实践［M］. 北京：人民出版社，2021.

［2］谢雅萍，陈永正. 创业团队管理［M］. 北京：高等教育出版社，2020.

［3］贾德芳，王硕. 创业团队建设与管理［M］. 北京：清华大学出版社，2021.

［4］［美］盖伊·川崎，创业智慧：硅谷创业手册［M］. 陈耿宣，陈桓亘，译. 北京：中国广播影视出版社，2022.

［5］陶陶，王欣，等. 创业团队管理实战［M］. 北京：化学工业出版社，2018.

［6］朱仁宏. 创业团队关系治理对提升决策承诺的影响研究［J］. 管理学报，2022（1）：65-73.

［7］买忆媛. 以德服人：伦理型领导与创业团队成员的变动［J］. 管理科学学报，2022（3）：44-61.

［8］傅慧. 创业团队冲突会削弱团队成员幸福感知吗——团队关系治理的调节作用［J］. 南方经济，2021（6）：119-130.

［9］郑晓明. 创业型企业股权分配设计与创业团队心理所有权的动态关系研究——基于中国创业型企业的双案例比较分析［J］. 管理评论，2017（3）：242-260.

第七部分　思考与练习

【教学资料】

课程视频

课件资料

【拓展资料】

项目四

整合优势资源

知识目标

1. 了解资金需求分析方法以及融资渠道；
2. 了解人才团队资源的分类与作用；
3. 了解技术资源、市场资源的作用及运用方法；
4. 了解经济效益、社会效益的定义及评估方法。

能力目标

1. 掌握创业团队的资金需求、融资策略；
2. 学会挖掘创业团队专业资源、专家团队资源；
3. 掌握分析、发掘和运用企业资源；
4. 能分析评估创业项目的经济效益、社会效益等。

素质目标

1. 具有熟知创业的法律法规、创新管理和合作的意识；
2. 拥有创业的共同团结奋进和竞争的精神；
3. 具备创新拼搏、合作共赢和奉献的精神；
4. 具备诚信品质、敬业品质、和谐品质、友善品质。

重点难点

1. 资金需求分析、资源整合、经济效益分析的方法与措施；
2. 盈利分析方法、专家资源团队开发途径、潜在资源发掘途径。

知识导图

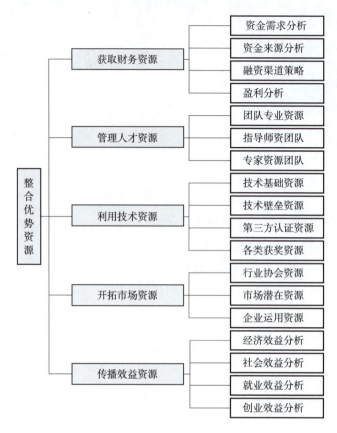

情境案例导入

强强联合：挨过了冬季，便迎来了春天

"或许……我们可以采用强强联合的方式？"李灵艳如坐针毡，她注视着陈浩，试图从他的眼神中寻找答案。"也许这是我们最好的机会，与瑞宏芯片科技有限公司共同建设智能厨房项目，采用最新的线上管理模式，配备智慧安防监控系统，相信一定能够实现与时俱进的'蝶变'。"耀眼的阳光如同一股炽热的洪流，瞬间涌入双眼，让人下意识地眯起了眼睛，仿佛要用那细微的缝隙，抵御这无尽的光辉。陈浩沐浴在这温暖的光线中，却感受不到丝毫的温暖。他心中的忧虑如同沉甸甸的石头，压得他喘不过气来。他知道，这次公司遇到了前所未有的危机，如果不能想出一个完美的解决方案，他们所有的努力都将付之东流。

为了渡过这次难关，两人开始了三轮融资。在准备第一轮融资时，陈浩和李灵艳精心制作了一份详细的商业计划书。他们在办公室里通宵达旦地工作，仔细研究市场趋势和竞争对手的情况。每一个数据、每一个细节都经过反复推敲，力求做到精益求精。在一次投资者会议上，投资者表示出兴趣但也提出疑问，李灵艳回应："我们理解竞争压力，但相信通过创新和优化，能够脱颖而出。"经过不懈的努力，他们终于吸引了一些投资者的关注。在第二轮融资中，他们与几家投资机构进行了深入的谈判，投资者们对智童中央厨房的潜力表示了赞赏，但也提出了一些苛刻的条件。陈浩用冷静而坚定的语气向投资者们阐述了他们的商业模式和未来规划，他的言辞简洁明了，却又充满了力量和信心。随着业务的快速发展，他们迎来了第三轮融资。这次，他们吸引了更多知名投资机构的加入。在一次与投资机构代表的会议上，投资机构代表表示："我们对智童中央厨房的发展前景非常看好，愿意提供更广泛的资源和行业经验支持。"李灵艳感激地回应道："有了你们的支持，我们将进一步扩大生产规模，提升产品质量，并加大市场推广力度。"

智童中央厨房公司的转变过程就像是一部充满戏剧性的电影。曾经，它如同一个被遗忘在角落的灰姑娘，衰败而黯淡。然而，通过与瑞宏芯片科技有限公司的紧密合作，它逐渐实现了从灰姑娘到公主的华丽转身。

瑞宏芯片科技有限公司的卓越技术成为智童中央厨房公司的强大后盾。他们的芯片就像是智能厨房的魔法石，为炉灶和冰箱注入了智能的灵魂。智能炉灶瞬间变成了一位经验丰富的厨师，能够准确地掌握火候，烹饪出令人垂涎欲滴的美食；而智能冰箱则化身为食品管理专家，通过传感器实时监测食物的新鲜度，为人们的健康饮食提供贴心的建议。

梭罗在《瓦尔登湖》中写道："我看到那些岁月如何奔驰，挨过了冬季，便迎来了春天。"

如今，陈浩和李灵艳终于撑过寒冬，他们将在春天迎来新的故事。

创新创业名句

美好的生活就是创造，无论是做音乐，编写程序，还是组合投资。

——保罗·艾伦（美国）

任务一　获取财务资源

第一部分　任务发布

任务描述：陈浩和李灵艳准备创办公司，目前已了解项目的商业机会、创业团队等，现在要进行资源整合，特别是财务资金问题，需要了解创业资金的来源和融资的渠道等。

任务分析：获取创业项目的财务资源，首先要分析创业团队的资金需求，并且识别创业所需的资金来源，了解融资的渠道和技巧，会分析盈利。

任务实施：在获取财务资源时，最为关键的是要从创业项目实际出发，梳理资金需求和来源，让创业者清楚自己的项目是否适合资金筹措。

第二部分　知识学习

一、资金需求分析

（一）资金需求分析的价值与意义

资金需求分析是指企业根据生产经营的需求，对未来所需资金的估计和推测。初创企业筹集资金，首先要对资金需求量进行预测，即对企业未来组织生产经营活动的资金需求量进行估计、分析和判断，它是企业制订融资计划的基础。资金是一个企业赖以生存的血液，也是一个企业不断发展、不断提高竞争力的有力保障。

（二）资金需求分析的方法

资金需求分析可以通过定性预测法和定量预测法来分析，如图 4-1-1 所示。定性预测法是根据调查研究所掌握的情况和数据资料，凭借预测人员的知识和经验，对资金需求量所作的判断。定量预测法是指以资金需求量与有关因素的关系为依据，在掌握大量历史资料的基础上选用一定的数学方法加以计算，并将计算结果作为预测的一种方法。

（三）资金需求分析的步骤

资金需求分析一般按四个步骤进行，包括销售预测，估计需要的资产，估计收入、费用和留存收益，估计追加资金金额（如图 4-1-2 所示），最终确定外部融资金额。

（四）资金需求分析报告的撰写

资金需求分析报告是对企业经营状况、资金运作的综合概括和高度反映。学会资金需求分析，对于创业者非常重要，也是创新创业所需要的一项基本技能。资金需求分析报告的内容框架主要由以下五个部分组成：报告目录、重要提示、报告摘要、具体分析、问题重点综述及相应的改进措施（如图 4-1-3 所示）。

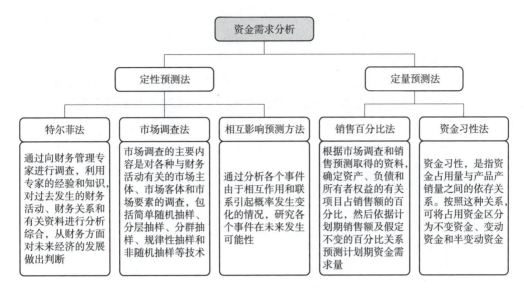

图 4-1-1　资金需求分析的方法

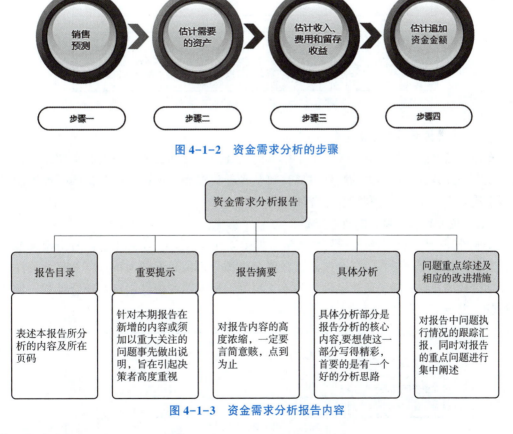

图 4-1-2　资金需求分析的步骤

资金需求分析报告

报告目录	重要提示	报告摘要	具体分析	问题重点综述及相应的改进措施
表述本报告所分析的内容及所在页码	针对本期报告在新增的内容或须加以重大关注的问题事先做出说明，旨在引起决策者高度重视	对报告内容的高度浓缩，一定要言简意赅，点到为止	具体分析部分是报告分析的核心内容，要想使这一部分写得精彩，首要的是有一个好的分析思路	对报告中问题执行情况的跟踪汇报，同时对报告的重点问题进行集中阐述

图 4-1-3　资金需求分析报告内容

二、资金来源分析

资金的来源大体上分为三类：企业经营产生、投资取得、融资取得。这三个资金渠道实际上就是现金流量表中的三大部分。企业依靠经营所获取的资金，体现了企业自造血的能力，而投资和融资是企业从外部寻求资金援助的能力。

（一）资金余额的梳理

在按照资金来源分析之前，首先要清楚企业目前的资金余额情况，资金余额的梳理过程如图 4-1-4 所示。资产负债表中货币资金的期末余额，实际上并不等于企业目前可自由使用的资金余额。

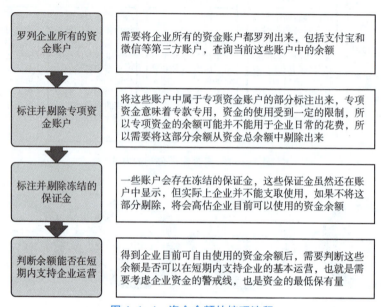

图 4-1-4　资金余额的梳理流程

（二）企业经营性资金的分析

企业经营性资金的余额，大体上是销售商品及劳务收到的现金减去购买商品及劳务支付的现金。经营性资金相关的数据可以直接从现金流量表中取得，但分析的时候不能仅关注现金流量表，需要结合利润表综合来判断。

（三）企业投资和筹资的资金分析

企业外部的资金来源包括投资和筹资，如图 4-1-5 所示。实际上这两种资金来源都具有偶发性，并非企业常态的资金来源，在资金来源分析中并不作为重点，只需要关注长期或短期借款的还款时间、还款条件、利息支出等，根据这些信息制订好资金计划，保证按时还款，以免给企业造成信誉上的损失。

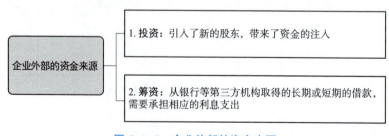

图 4-1-5　企业外部的资金来源

三、融资渠道策略

融资涉及两大关键问题，即融资渠道和融资策略。

（一）融资渠道

融资渠道指协助企业的资金来源，主要包括内部筹资和外部筹资两个渠道，如图 4-1-6 所示。

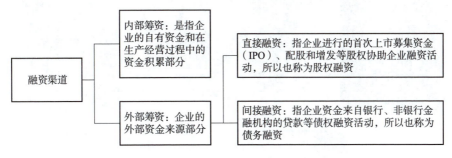

图 4-1-6　融资渠道

1. 内部筹资渠道

内部筹资渠道是指从企业内部开辟资金来源。从企业内部开辟资金来源有三个方面：企业自有资金、企业应付税利和利息、企业未使用或未分配的专项基金（如图 4-1-7 所示）。一般在企业并购中都尽可能选择这一渠道，因为这种方式保密性好，企业不必向外支付借款成本，因而风险很小，但资金来源数额与企业利润有关。

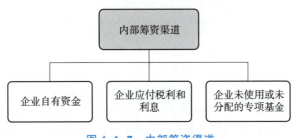

图 4-1-7　内部筹资渠道

2. 外部筹资渠道

外部筹资渠道是指企业从外部所开辟的资金来源，主要包括专业银行信贷资金、非银行金融机构资金、其他企业资金、民间资金和外资（如图 4-1-8 所示）。从企业外部筹资具有速度快、弹性大、资金量大的优点；但其缺点是保密性差，企业需要负担高额成本，因此产生较高的风险，在使用过程中应当注意。

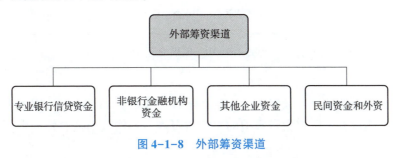

图 4-1-8　外部筹资渠道

（二）融资方式

融资方式如图 4-1-9 所示，包括基金组织、银行承兑、直存款、银行信用证、委托贷款、直通款、对冲资金、贷款担保、发行公司债券等。

图 4-1-9　融资方式

（三）融资途径

1. 债权融资

债权融资主要包括国内银行贷款、国外银行贷款、发行债券融资、民间借贷融资、信用担保融资，如图 4-1-10 所示。

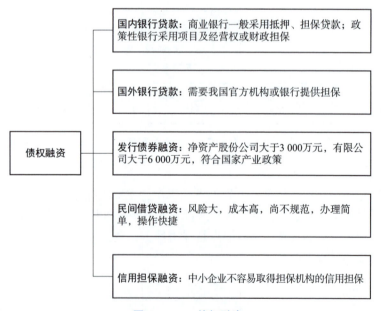

图 4-1-10　债权融资

2. 股权融资

股权融资作为企业的主要融资方式，主要分类如图 4-1-11 所示。相比债权融资，股权融资的优势主要表现在：股权融资吸纳的是权益资本；若能吸引拥有特定资源的战略投资者，还可通过利用战略投资者的管理优势、市场渠道优势、政府关系优势以及技术优势产生协同效应，迅速壮大自身实力。

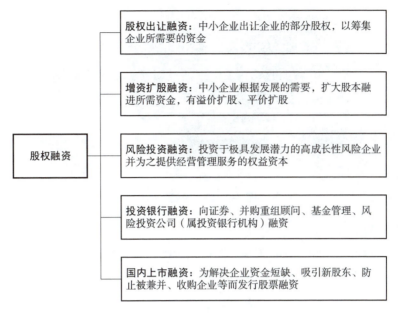

股权出让融资：中小企业出让企业的部分股权，以筹集企业所需要的资金

增资扩股融资：中小企业根据发展的需要，扩大股本融进所需资金，有溢价扩股、平价扩股

风险投资融资：投资于极具发展潜力的高成长性风险企业并为之提供经营管理服务的权益资本

投资银行融资：向证券、并购重组顾问、基金管理、风险投资公司（属投资银行机构）融资

国内上市融资：为解决企业资金短缺、吸引新股东、防止被兼并、收购企业等而发行股票融资

图 4-1-11　股权融资

3. 其他融资类型

除了债权融资和股权融资两种主要融资方式，融资还包含项目融资、政府融资、留存盈余融资、资产管理融资、风险投资和私募股权投资，如表 4-1-1 所示。

表 4-1-1　其他融资类型

融资类型	解释
项目融资	按市场规律，经过精密构思策划，对有潜力的项目进行包装运作融资
政府融资	将项目特许权给投资者，项目建成后先由投资者经营，收费期满后项目归还政府
留存盈余融资	中小企业向投资者发放股利和企业保留部分盈余时，利用留存盈余融资
资产管理融资	中小企业可以将其资产通过抵押、质押等手段融资
风险投资	具备资金实力的投资者对具有专门技术并具备良好市场发展前景，但缺乏启动资金的创业者进行资助，帮助其圆创业梦，并承担创业阶段投资失败风险
私募股权投资	通过私募形式对私有企业，即非上市企业进行权益性投资，在交易实施过程中附带考虑了将来的退出机制，即通过上市、并购或管理层回购等方式，出售持股获利

（四）融资策略

企业能否获得稳定的资金来源、及时足额筹集到生产要素组合所需要的资金，对经营和发展都是至关重要的。融资策略是指公司在融资决策中采用的安排长、短期资金比例的策略。融资策略分为三种类型，如图4-1-12所示。

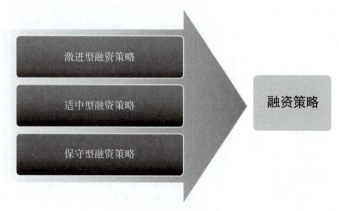

图4-1-12　融资策略

（五）融资技巧

融资技巧包括建立良好的银企关系、写好投资项目可行性研究报告、突出项目的特点、选择合适的贷款时机和争取中小企业担保机构的支持五个主要部分，如表4-1-2所示。

表4-1-2　融资技巧

融资技巧	相关解释
建立良好的银企关系	企业要讲究信誉，要使银行对贷款的安全性绝对放心；企业要有耐心，充分理解和体谅银行的难处，避免一时冲动伤和气，以致得不偿失；要主动、热情地配合银行开展各项工作
写好投资项目可行性研究报告	报告重点论证技术先进性、经济合理性以及可行性；要把重大问题讲清楚；把经济效益作为可行性的出发点和落脚点
突出项目的特点	不同的项目都有各自内在的特性，根据这些特性，银行贷款也有相应的要求
选择合适的贷款时机	要保证资金能够及时到位的同时，又便于银行调剂安排信贷资金调度
争取中小企业担保机构的支持	得到中小企业担保机构等机构的支持，有利于降低贷款难度

四、盈利分析

盈利分析亦称收益性分析，常用的指标有销售利润率、资金（资本）利用率、投资利润率、利润增长率、每股（普通股）净利润等，其中资金利润率具有更多的综合性和主导作用。企业安全性分析、盈利性分析和效率性分析三者的关系是，以盈利性分析为中心，以企业安全性分析和效率性分析为辅助，如图4-1-13所示。

盈利分析时常常需要对一些数据进行分析，包括销售净现率、净利润现金比率以及现金毛利率，三者的定义如表4-1-3所示。

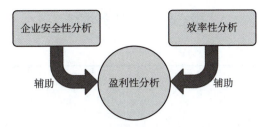

图 4-1-13　企业安全性分析、盈利性分析和效率性分析三者的关系

表 4-1-3　销售净现率、净利润现金比率以及现金毛利率的定义

项目	销售净现率	净利润现金比率	现金毛利率
计算方式	经营现金流量净额/销售收入	经营现金流量净额/净利润	经营现金流量净额/经营活动现金流入量
名词解释	该比率反映了企业本期经营活动产生的现金流量净额与销售收入之间的比率关系，反映了当期主营业务资金的回笼情况	这一比率反映了企业本期经营活动产生的现金流量净额与净利润之间的比率关系。经营现金流量净额与净利润比较，能在一定程度上反映企业所实现净利润的质量	该指标是对销售净利率的有效补充。但是对于一次性投资规模较大分期回笼现金的行业，应该将该指标进行连续几期的计算，以确定现金毛利率的合理水平，正确评价公司业绩

第三部分　任务训练

任务编号		建议学时	1 学时
任务名称		小组成员姓名	

一、任务描述

1. 演练任务：分析创业项目适合的财务资源渠道。

2. 演练目的：学会根据创业项目，分析并选择合适的财务资源渠道。

3. 演练内容：假设你正在计划创办一家咖啡厅，需要评估所需的财务资源及适合的融资渠道。请你估算初始咖啡厅创办投资需求量和运营过程中的流动资金需求量，分析内部资源，研究外部资源，筛选出合适的财务资源渠道。

二、相关资源

1. 叶苏东. 项目融资［M］. 北京：清华大学出版社，2018。

2. 王化成，刘俊彦，荆新. 财务管理学［M］. 9 版. 北京：中国人民大学出版社，2018。

三、任务实施

1. 确定财务需求：估算初始投资需求量和运营过程中的流动资金需求量。

2. 分析内部资源：评估其可提供的资金量及潜在的财务风险。

3. 研究外部资源：对比各渠道的利弊，如利率、条件、申请流程等。

4. 筛选合适渠道：根据咖啡厅的具体情况，如项目风险、回报潜力、个人信用状况等，筛选出合适的外部财务资源渠道。

5. 制定融资方案：基于内外资源分析，制定一份详细的融资方案。

6. 选择一个小组在班级中分享。

四、任务成果

1. 获得的直接成果。

2. 获得的间接成果。

3. 个人体会（围绕任务陈述的观点）。

第四部分　任务评价

班级：　　　　　　　　　　姓名：

序号		评价内容	配分	学生自评	学生互评/ 小组互评	教师评价
1	平时 表现	1. 出勤情况。 2. 遵守纪律情况。 3. 有无提问与记录。	30			
2	创业 知识	1. 了解资金需求分析的含义。 2. 了解资金来源分析的定义与作用。 3. 了解融资渠道策略的定义与分类。 4. 熟悉盈利分析应包含的要素。	20			
3	创业 实践	获得的成果丰富，且质量较高。	30			
4	综合 能力	1. 能否认真阅读资料，查询相关信息。 2. 能否与组员主动交流、积极合作。 3. 能否自我学习及自我管理。	20			
		总分	100			
教师 评语						

日期：　　年　　月　　日

第五部分　活页笔记

记录时间		指导教师姓名	
主要知识点： 1. 2. 3. 4. 5.			
重点难点： 1. 2. 3.			
学习体会与收获： 1. 2. 3.			

第六部分　参考文献

［1］袁小勇. 财务报表分析与商业决策［M］. 北京：人民邮电出版社，2021.

［2］王化成，刘俊彦，荆新. 财务管理学［M］. 北京：中国人民大学出版社，2021.

［3］孙铁玉，乔平平. 企业经营管理［M］. 北京：电子工业出版社，2019.

［4］叶苏东. 项目融资［M］. 北京：清华大学出版社，2018.

［5］范丽繁. 资源投入、服务支持与众创空间运营绩效［J］. 科技创业月刊，2023（1）：83-88.

第七部分　思考与练习

【教学资料】

课程视频

课件资料

天时不如地利，地利不如人和。

——孟子（中国）

任务二　管理人才资源

第一部分　任务发布

任务描述：陈浩和李灵艳在技术突破中遇到了瓶颈。面对激烈的市场竞争，产品智能化不足，无法达到万物互联的效果；在销售模式中，线下销售模式过于单一，市场占有率无法进一步突破。

任务分析：通过专家资源团队对技术进行优化改进，在人力资源和销售模式上进行调整，从微观看是为了实现既定发展目标，打通各个关键环节，而从全局来看，则是企业自身对人才、资本、机会、技术和管理等方面的一种优化组合。

任务实施：在创业过程中，认识到创业是一种合作、借力、资源整合的结果，如何挖掘专家资源，开发专家资源团队，如何提高创新管理意识，从而增强市场竞争力。

第二部分　知识学习

党的二十大报告明确指出，我国要建设现代化产业体系。坚持把发展经济的着力点放在实体经济上，推进新型工业化，加快建设制造强国、质量强国、航天强国、交通强国、网络强国、数字中国。实施产业基础再造工程和重大技术装备攻关工程，支持"专精特新"企业发展，推动制造业高端化、智能化、绿色化发展。

一、团队专业资源

创业是一种合作、借力、整合资源的结果。创业资源是指初创企业在创造价值的过程中需要的特定的资产，包括有形与无形的资产。它是初创企业创立和运营的必要条件，主要表现形式为人才、资本、机会、技术和管理等（如图4-2-1所示）。

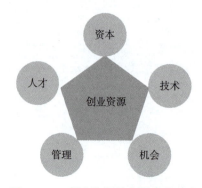

图 4-2-1　创业资源的主要表现形式

1. 认识团队专业资源

团队专业资源包含内部资源和外部资源，如图4-2-2所示。内部资源是指团队自己所"拥有"的，能够自由配置和使用的各种资源。外部资源是指团队自己并不具有"归属权"，但通过某些利益共同点可能在一定程度上加以配置和利用的各种资源。

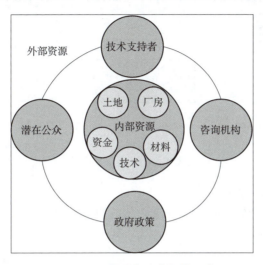

图4-2-2　团队专业资源的组成

2. 团队专业资源分类

从"认知"的角度来看，团队专业资源可分为现实资源、潜力资源和潜在资源，如图4-2-3所示。现实资源是指在现实世界中存在的，可以直接被利用的各种资源。潜力资源是指已经被团队所关注，但成员可能还没有完全认识其作用的团队资源。潜在资源是团队成员可以利用但还没有发现的团队资源，从某种意义上说，这种资源所占的比例可能是最大的，但其作用的不确定性往往也是很大的。

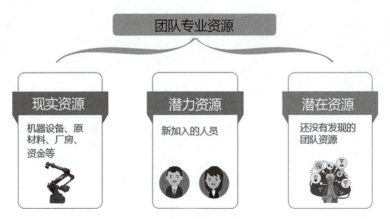

图4-2-3　团队专业资源分类

3. 资源整合的重要性

资源整合是指企业对不同来源、不同层次、不同结构、不同内容的资源进行识别与选择、汲取与配置、激活和有机融合，使其具有较强的柔性、条理性、系统性和价值性，并创造出新的资源的一个复杂的动态过程（如图4-2-4所示）。

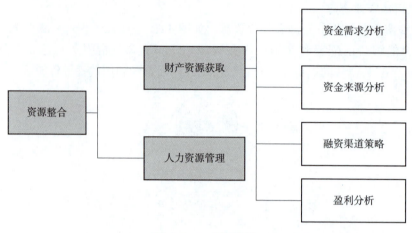

图 4-2-4　资源整合

4. 资源整合的措施与方法

创业就是调集社会资源，创造出更优产品或服务的商业行为，是在社会力量的帮助下，更高效地为社会提供产品或服务的行为。在资源整合中，可以采取的措施与方法如图 4-2-5 所示。

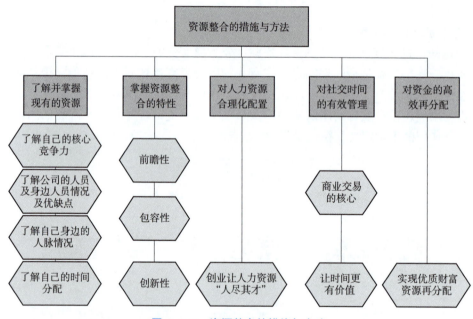

图 4-2-5　资源整合的措施与方法

二、指导师资团队

指导师资团队是大学生创新创业过程中的重要角色，在大学生创新创业过程中起着重要的作用，对于大学生创新创业者而言是一个重要的创业资源。

1. 指导师资团队在大学生创新创业中的角色

指导师资团队在大学生创新创业中的角色主要是陪伴者、服务者，共同学习者和共同成长者，参谋者和提醒者，梦想激励者和机会制造者，潜在优势的发现者和挖掘者，引导者和组织者（如图4-2-6所示）。

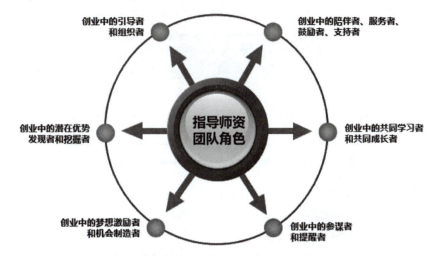

图4-2-6　指导师资团队在大学生创新创业中的角色

2. 指导师资团队在大学生创新创业中的作用

指导师资团队的陪伴、服务、学习、成长、参谋和提醒、激励和挖掘、引导和组织者的角色，决定其作用主要是辅助整合资源为大学生创新创业服务，搭建平台为大学生创新创业者及其相关人员提供服务，为大学生创业者做好各种帮扶工作，如图4-2-7所示。

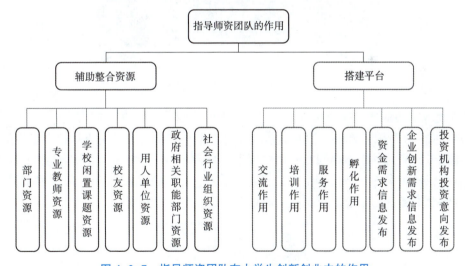

图4-2-7　指导师资团队在大学生创新创业中的作用

三、专家资源团队

专家指在学术、技艺等方面有专门技能或专业知识全面的人，特别精通某一学科或某项技艺的有较高造诣的专业人士，掌握一定资源，有着行为准则的人。专家资源团队是指由专家及其拥有的各类资源组成，能够协助大学生创业者开展资源整合和创新创业实践活动的指导队伍。

1. 专家资源团队在大学生创新创业中的角色

专家资源是一种潜在的人力资本，充当着稳航器和推进器的角色，创业者应该通过适当途径和方式释放这种潜能，为自身企业成长和发展提供优质的动力（如图4-2-8所示）。

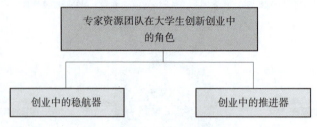

图4-2-8　专家资源团队在大学生创新创业中的角色

2. 专家资源团队在大学生创新创业中的作用

专家资源是专家独有的知识、经验、观点能力和社会关系等资源，可以通过特定的机制转化为社会共享的知识财富等，也可以转化为具有私人性质的专有财产，比如专利、版权。但是，不管是私有的还是社会共享的知识财富，对创新型企业乃至社会的经济发展都非常重要。专家资源团队的作用如图4-2-9所示。

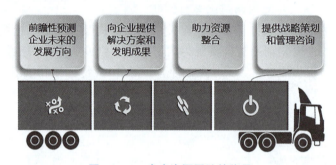

图4-2-9　专家资源团队的作用

3. 开发专家团队及其资源的途径

如图4-2-10所示，首先，举办学术研讨会，为专家提供成果交流和社会联系的平台；其次，组织专题研讨，既能在问题研讨中网罗和集聚专家资源，扩大团体的社会资本，又能为企业提供决策参考；最后，围绕企业发展需要、技术创新和企业管理的现实需要，开展技术咨询和服务，为企业出谋划策，规划企业的战略发展高度。

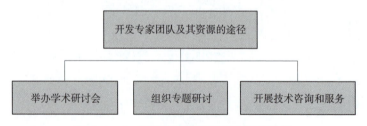

图4-2-10　开发专家团队及其资源的途径

第三部分　任务训练

任务编号		建议学时	1 学时
任务名称		小组成员姓名	

一、任务描述

1. 演练任务：挖掘和开发专家团队资源。

2. 演练目的：熟悉专家资源团队应包含的要素。

3. 演练内容：一个初创企业在发展过程中，遇到了寻找创业资源很难且周期过长、机会少的问题，请你根据公司目前遇到的问题，撰写一份帮助公司开发和管理人才资源的方案。

二、相关资源

1. 赵曙明．人力资源管理总论［M］．南京：南京大学出版社，2021。

2. 王建民．战略人力资源管理学［M］．3 版．北京：北京大学出版社，2020。

三、任务实施

1. 扫描右侧的二维码，了解商业计划书的结构。

2. 判别此商业计划书的元素是否完整，并对其商机、团队、资源进行分析，说明其关键的特色。

3. 选择一个小组在班级中分享。

四、任务成果

1. 获得的直接成果。

2. 获得的间接成果。

3. 个人体会（围绕任务陈述的观点）。

第四部分　任务评价

班级：　　　　　　　　　　　　姓名：

序号		评价内容	配分	学生自评	学生互评/ 小组互评	教师评价
1	平时表现	1. 出勤情况。 2. 遵守纪律情况。 3. 有无提问与记录。	30			
2	创业知识	1. 熟悉专家资源应包含的要素。 2. 会挖掘创业团队拥有的专业资源。	20			
3	创业实践	获得的成果丰富，且质量较高。	30			
4	综合能力	1. 能否认真阅读资料，查询相关信息。 2. 能否与组员主动交流、积极合作。 3. 能否自我学习及自我管理。	20			
总分			100			
教师评语						

日期：　　年　　月　　日

第五部分　活页笔记

记录时间		指导教师姓名	

主要知识点：

1.

2.

3.

4.

5.

重点难点：

1.

2.

3.

学习体会与收获：

1.

2.

3.

第六部分　参考文献

［1］董克用，李超平. 人力资源管理概论［M］. 北京：中国人民大学出版社，2019.

［2］陈坤，平欲晓，刘丽霞，等. 中小企业人力资源管理［M］. 北京：北京大学出版
社，2018.

［3］陈妍君. 信息嵌入，让人力资源管理更高效［J］. 人力资源，2022（10）：145-147.

［4］李超. 新形势下企业人力资源管理创新的研究［J］. 现代商业，2023（2）：106-109.

［5］刘璐. 企业人力资源管理优化策略探讨［J］. 现代商业，2023（6）：43-46.

第七部分　思考与练习

【教学资料】

课程视频

课件资料

【拓展资料】

创新创业名句

正确对待前人理论，学百家之长，自主创新。

——陈国达（中国）

任务三　利用技术资源

第一部分　任务发布

任务描述：陈浩和李灵艳的智能家居产品在核心技术和技术标准上遇到了难题，一是市场产品标准不统一，二是没有通过国家认定的标准。

任务分析：对于一家企业来说，技术基础资源是市场竞争的主要力量，技术创新有助于打破原有的技术壁垒，形成新的技术生产力，提高产品的竞争力，从而获得市场和经济效益，同时有利于得到消费者的支持，为企业赢得社会效益。

任务实施：熟悉技术基础资源的特征与作用机制，熟悉技术壁垒的资源特点、类别与措施，学会如何挖掘团队的技术基础资源，借助各类获奖资源来助力创业。

第二部分　知识学习

一、技术基础资源

党的二十大报告在"加快构建新发展格局，着力推动高质量发展"中指出，高质量发展是全面建设社会主义现代化国家的首要任务。发展是党执政兴国的第一要务。没有坚实的物质技术基础，就不可能全面建成社会主义现代化强国。对于一个企业来说，技术包括两个方面：一是与解决实际问题有关的技术方面的知识；二是为解决这些实际问题而使用的设备、工具等其他相关方面的知识。两者的总和就构成了这个组织的特殊资源，即技术资源。技术资源广义上也属社会人文资源，其在经济发展中起着重大作用。

技术基础资源是指能直接或间接推动技术进步的一切资源，以及技术活动得以展开的主要条件。技术基础资源的内容如图 4-3-1 所示。

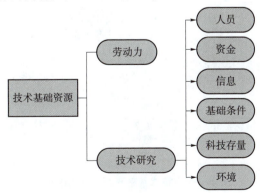

图 4-3-1　技术基础资源的内容

1. 技术资源的整体特征

技术资源要素的本质是资源，因而具有一切资源所具有的稀缺性、需求性和选择性等特征。就技术资源要素整体而言，其具有一些特殊的特征，如图 4-3-2 所示。

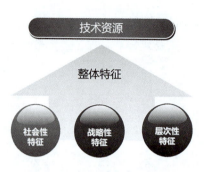

图 4-3-2　技术资源的整体特征

2. 技术基础资源的特征

就技术基础资源而言，其对科技活动的支持主要体现在两个方面：一种是知识资源要素的支持；二是物质资源要素的支持。二者的互相配合共同实现对科技活动的基础性支撑作用。而其中最能体现其核心竞争力的是知识资源要素的积累，主要表现为两种形态：一是存在于科技信息资源要素中的显性知识形态；二是存在于科技人力资源要素中的缄默知识形态。技术基础资源的特征如图 4-3-3 所示。

图 4-3-3　技术基础资源的特征

3. 技术基础资源要素间的特征

技术基础资源要素包含技术市场资源要素、技术制度资源要素、技术文化资源要素等，这些要素间的特征如图 4-3-4 所示。

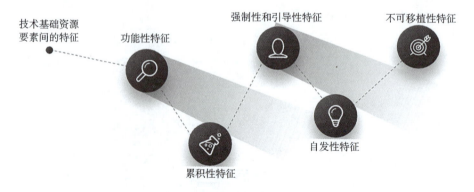

图 4-3-4　技术基础资源要素间的特征

4. 技术基础资源的作用机制

（1）诱致性技术基础资源要素间作用机制。技术人力资源要素是诱致性基础资源要素中的"第一要素"，在科技活动中，尤其在研发活动中处于核心地位。技术人力资源要素作用的有效发挥有赖于对其起支撑作用的金融资源要素、物质资源要素和信息资源要素的数量和质量（如图4-3-5所示）。

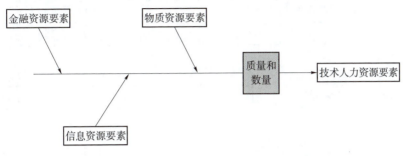

图4-3-5　技术人力资源要素发挥作用流程

（2）强制性技术基础资源要素间的作用机制。强制性技术基础资源要素主要在研发活动、科技成果转化与应用、科技服务方面影响着科技活动（如图4-3-6所示）。

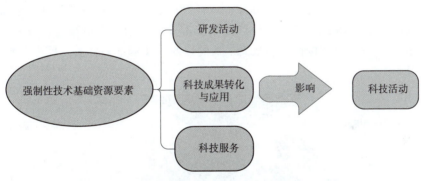

图4-3-6　强制性技术基础资源要素对科技活动的影响

（3）诱致性技术基础资源要素与强制性技术基础资源要素的关系如图4-3-7所示。

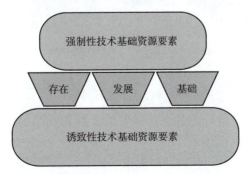

图4-3-7　诱致性技术基础资源要素与强制性
技术基础资源要素的关系

二、技术壁垒资源

技术壁垒是指科学技术上的关卡，即指国家或地区对产品制定的（科学技术范畴内的）技术标准，如产品的规格、质量、技术指标等。其主要特点、类别和措施如图4-3-8所示。

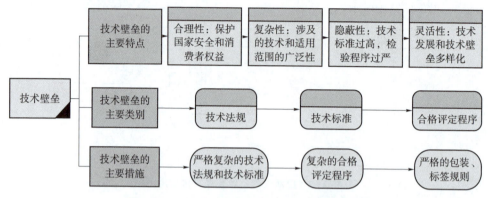

图4-3-8　技术壁垒的主要特点、类别和措施

技术壁垒资源是以技术为支撑条件，即商品进口国在实施贸易进口管制时，通过颁布法律、法令、条例、规定，建立技术标准、认证制度、卫生检验检疫制度、检验程序以及包装、规格和标签标准等，提高对进口产品的技术要求，增加进口难度，最终达到保障国家安全、保护消费者利益和保持国际收支平衡的目的。技术壁垒体系主要由六个体系构成，如图4-3-9所示。

图4-3-9　技术壁垒体系构成

三、第三方认证资源

在中国，认证机构是经国务院认证认可，监督管理部门批准，并依法取得法人资格，有某种资质，可从事批准范围内的认证活动的机构（根据《中华人民共和国认证认可条例》）。目前我国已经有许多专门从事产品质量认证的认证机构。

1. 第三方认证机构

第三方认证机构，是指具有可靠的执行认证制度的必要能力，并在认证过程中能够客观、公正、独立地从事认证活动的机构。即认证机构是独立于制造厂、销售商和使用者（消费者），具有独立的法人资格的第三方机构。第三方认证机构发展原因如图4-3-10所示。

图 4-3-10 第三方认证机构发展原因

2. 第三方认证机构发展历程

第三方认证机构在中国的发展经历了从单一业务逐步发展到多元化业务的历程。由于中国第三方认证市场竞争并不激烈，而且客户群体相对固定，因此这些认证机构都处于市场规模发展的上升阶段，但业务重点不同。第三方认证机构在中国的发展历程如图 4-3-11 所示。

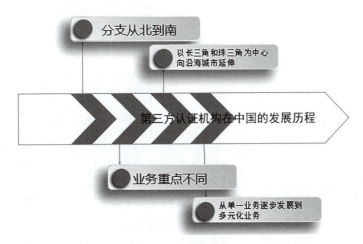

图 4-3-11 第三方认证机构在中国的发展历程

3. 第三方认证机构发展趋势

第三方认证机构在中国拥有良好的发展前景，树立强势的名牌战略和本地化策略使其在中国的发展更具有竞争力。第三方认证机构把国际上先进的管理思想、理念和方法通过严谨的检测认证服务传递给更多的中国企业，为中国企业扩大出口和提高竞争力做出贡献。国际知名第三方认证机构进入中国的时间如图 4-3-12 所示。

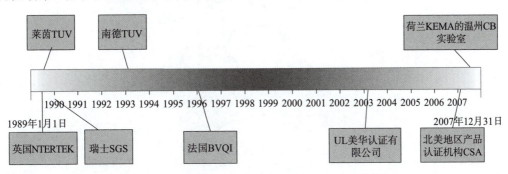

图 4-3-12 国际知名第三方认证机构进入中国的时间

四、各类获奖资源

奖项是指为了表彰某个领域中有特殊表现的人或事而设立的项目，也指某一种奖划分的不同类别。获奖是指在物质上获得奖金或奖品，或者在精神上获得奖励。

1. 各类获奖资源的分类

（1）按颁奖单位行政级别划分，奖项从小到大可以分为七个级别，如图 4-3-13 所示。

图 4-3-13　按颁奖单位行政级别划分奖项

（2）按获奖主体划分，不同的主体所获得的奖项有所区别，如图 4-3-14 所示。

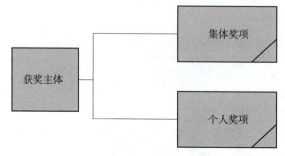

图 4-3-14　按获奖主体划分奖项

（3）按奖项的内容划分，可分为五个方面的奖项，具体如图 4-3-15 所示。对于初创企业而言，企业和员工所获的奖项是一种有效的技术资源，应该给予重视、培育和收集，作为激励部门、员工以及吸引客户的一种重要手段和方法。

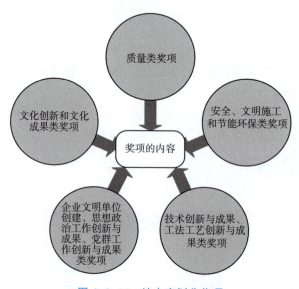

图 4-3-15　按内容划分奖项

2. 各类获奖资源的作用

各类获奖资源对于一个企业的发展是有很大帮助的，它能够带给企业的价值也是非常巨大的，其作用如图 4-3-16 所示。

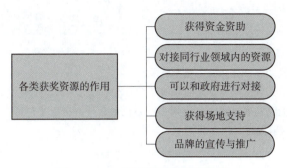

图 4-3-16　各类获奖资源的作用

第三部分　任务训练

任务编号		建议学时	1 学时
任务名称		小组成员姓名	

一、任务描述

1. 演练任务：认识技术基础资源和挖掘技术资源。

2. 演练目的：根据企业遇到的问题，掌握如何开发技术基础资源和识别利用第三方认证资源。

3. 演练内容：初创企业在发展过程中，遇到了核心技术参与市场竞争过程中的难题，如何提高竞争力，达到市场认可标准？请你写一份方案。

二、相关资源

1. 董克用，李超平. 人力资源管理概论［M］. 5 版. 北京：中国人民大学出版社，2019。

2. 王建民. 战略人力资源管理学［M］. 3 版. 北京：北京大学出版社，2020。

三、任务实施

1. 请列举出创业团队的技术基础资源有哪些。

2. 初创企业在发展过程中，遇到了核心技术参与市场竞争过程中的难题，谈一谈怎样提高竞争力，达到市场认可标准。

3. 选择一个小组在班级中分享。

四、任务成果

1. 获得的直接成果。

2. 获得的间接成果。

3. 个人体会（围绕任务陈述的观点）。

第四部分　任务评价

班级：　　　　　　　　　　　　　姓名：

序号		评价内容	配分	学生自评	学生互评/小组互评	教师评价
1	平时表现	1. 出勤情况。 2. 遵守纪律情况。 3. 有无提问与记录。	30			
2	创业知识	1. 会挖掘创业团队的技术基础资源。 2. 会借助各类获奖资源来助力创业。	20			
3	创业实践	获得的成果丰富，且质量较高。	30			
4	综合能力	1. 能否认真阅读资料，查询相关信息。 2. 能否与组员主动交流、积极合作。 3. 能否自我学习及自我管理。	20			
	总分		100			
教师评语						

日期：　　年　　月　　日

第五部分 活页笔记

记录时间		指导教师姓名	

主要知识点：

1.

2.

3.

4.

5.

重点难点：

1.

2.

3.

学习体会与收获：

1.

2.

3.

第六部分　参考文献

［1］林剑，黄益军. 基于扎根理论的创新创业创造生态系统构建［J］. 开发研究，2021（5）：105-111.

［2］郝云慧. 基于生产资料大众化的创业创新发展探讨［J］. 知识经济，2017（6）：111+113.

［3］陶为明，杨轶婷，李淼，等. 高职院校师生共创助力创业就业的研究与实践［J］. 安徽电气工程职业技术学院学报，2021，26（2）：103-107.

［4］缪珂. 自主品牌产品设计创新创业实践路径研究［J］. 设计艺术研究，2019，9（6）：76-82.

［5］陈祎. 产业转型升级下第三方检测机构服务创新研究［J］. 电子产品可靠性与环境试验，2020，38（1）：92-96.

［6］陶为明，杨轶婷，李淼，等. 基于拔尖创新人才培养的奖学金体系设计构想——以 J 大学为例［J］. 当代教育实践与教学研究，2015（11）：8-9.

第七部分　思考与练习

【教学资料】

课程视频

课件资料

【拓展资料】

创新创业名句

正确对待前人理论，学百家之长，自主创新。

——陈国达

任务四 开拓市场资源

第一部分 任务发布

任务描述：陈浩和李灵艳在公司运营过程中遇到了瓶颈，资金链也出现了问题，目前仅靠自己无法解决这些问题，他们需要寻求第三方行业协会等的帮助才能渡过难关。

任务分析：根据项目自身在运营中的合作伙伴，行业协会资源可以是政府机关、相关行业企业等。充分利用行业协会的资源进行互补互助，同时，分析市场现状，挖掘市场潜在资源。

任务实施：在创业过程中，行业协会资源也是非常关键的。本次任务学习如何挖掘行业协会资源助力公司发展，如何合理分配资源、整合资源并保护资源。

第二部分 知识学习

一、行业协会资源

党的二十大报告着眼全面建设社会主义现代化国家的历史任务，做出"构建高水平社会主义市场经济体制"的战略部署。在市场经济体制下，企业通过合理利用和整合市场资源可以有效提升自身的市场竞争力和盈利能力，而行业协会资源是市场资源的一个重要组成部分。

（一）行业协会的作用

1. 经济作用

国际市场竞争中，为减弱负面影响，根据国际的实践经验，行业协会在保护国内产业、支持国内企业增强国际竞争力方面起着重要的协调作用，如图4-4-1所示。

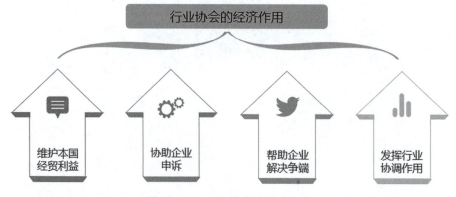

图 4-4-1 行业协会的经济作用

2. 法治作用

法治的发展历程漫长而复杂，权利保障、权力制约和规则至上，一直是法治的核心价值，它们构成了近代以来法治发展的动力和基础。分析行业协会的功能可以发现，行业协会蕴含着重要的法治价值，如图 4-4-2 所示。

图 4-4-2　行业协会的法治作用

（二）行业协会资源对竞争的影响

行业协会资源主要包括五种要素：买方对行业内企业的影响、供应方对行业内企业的影响、替代品威胁、新加入者的威胁和行业内企业的竞争（如图 4-4-3 所示）。这五种要素共同作用，决定了行业竞争的性质和程度，它们是形成企业在某一竞争领域内竞争战略的基础。

图 4-4-3　行业协会资源的要素

（三）企业间的竞争影响

企业间的竞争影响包括行业内企业的数量和力量对比、游戏规则、行业市场的增长速度、行业的分散与集中程度、行业内企业的差别化与转换成本、投入与退出壁垒、战略赌注等（如图 4-4-4 所示）。

二、市场潜在资源

（一）作用意义

随着社会资源的日益丰富，同类产品间的差异也越来越小。在激烈的市场竞争中要把握市场上出现的新机遇、新趋势，在第一时间将消费者的潜在市场需求变成现实需求，把潜在市场开发为企业的现实市场。

图 4-4-4　企业间的竞争影响

（二）发掘途径

如何有效挖掘潜在市场，应因势、因事、因人、因时、因地而宜。尽管其表现形式千姿百态，但究其缘由，不外乎一个"变"字，这样企业或个人在激烈的市场竞争中，才能以变应变，以一变应万变。如图 4-4-5 所示，市场潜在资源的发掘途径可以采用六种方式。

图 4-4-5　市场潜在资源的发掘途径

三、企业运用资源

企业资源是指任何可以称为企业强项或弱项的事物，以及任何可以作为企业选择和实施其战略的基础条件和保障事物，如企业的资产组合、属性特点、对外关系、品牌形象、员工队伍、管理人才、知识产权等。

（一）分类

企业资源可以分为外部资源和内部资源，如图 4-4-6 所示。企业的内部资源可分为人力资源、财务资源、实物资源、信息资源、技术资源、管理资源、时空资源、品牌资源、文化资源等，企业的外部资源可分为市场资源、产业资源、行业资源、杠杆资源等。

（二）有效运用企业资源的方式与步骤

有效运用企业资源的方式与步骤包含合理分配资源、有效整合资源、快速积累资源、有效保护资源等四个部分，如图 4-4-7 所示。

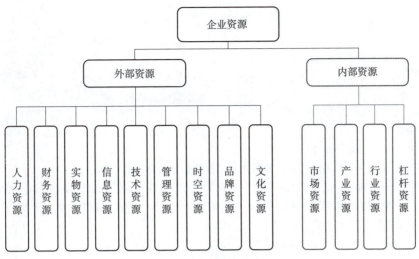

图 4-4-6　企业资源的分类

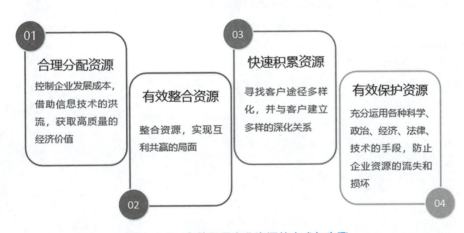

图 4-4-7　有效运用企业资源的方式与步骤

第三部分　任务训练

任务编号		建议学时	1 学时
任务名称		小组成员姓名	

一、任务描述

1. 演练任务：挖掘和运用行业协会资源。

2. 演练目的：根据企业遇到的问题，掌握如何寻找和整合行业协会资源。

3. 演练内容：一个初创企业在发展过程中，遇到了核心技术攻关难题无法破解的问题，而且在资金周转运营方面也出现了短缺的问题。请你根据公司目前遇到的问题，挖掘公司潜在的行业协会资源，并且拟定如何整合资源让公司渡过难关的方案。

二、相关资源

白板笔 6 支，半开白纸若干、磁条贴 8 个，水彩笔 6 盒等。

三、任务实施

1. 了解行业协会资源的作用。

2. 根据初创企业遇到的问题，选择合适的行业协会资源并加以运用，并撰写实施方案。

3. 每个小组进行方案分享。

四、任务成果

1. 获得的直接成果。

2. 获得的间接成果。

3. 个人体会（围绕任务陈述的观点）。

第四部分　任务评价

班级：　　　　　　　　　　　姓名：

序号	评价内容		配分	学生自评	学生互评/ 小组互评	教师评价
1	平时 表现	1. 出勤情况。 2. 遵守纪律情况。 3. 有无提问与记录。	30			
2	创业 知识	1. 了解行业协会资源的含义和作用。 2. 掌握挖掘和运用行业协会资源的方法。	20			
3	创业 实践	获得的成果丰富，且质量较高。	30			
4	综合 能力	1. 能否认真阅读资料，查询相关信息。 2. 能否与组员主动交流、积极合作。 3. 能否自我学习及自我管理。	20			
总分			100			
教师 评语						

日期：　　年　　月　　日

第五部分　活页笔记

记录时间		指导教师姓名	

主要知识点：

1.

2.

3.

4.

5.

重点难点：

1.

2.

3.

学习体会与收获：

1.

2.

3.

第六部分　参考文献

［1］张琴. 大学生创新创业教育路径探讨［J］. 黑龙江教育（理论与实践), 2024（2）: 5-7.

［2］王勇. 校地协同模式下大学生创新创业实践体系建设途径与策略［J］. 南方论坛, 2021（7）: 82-86.

［3］林文, 胡霞. 行业协会参与高等职业教育的实践路径［J］. 长沙航空职业技术学院学报, 2022, 22（2）: 36-39+43.

［4］毛辉, 杨菲, 顾伟国. 基于产业园区的职业教育产教融合模式研究［J］. 教育与职业, 2022（4）: 40-45.

［5］张艳, 孙文雅, 张剑锋. 校企合作视角下辽宁老字号创新策略研究［J］. 大连民族大学学报, 2021, 23（4）: 319-323.

［6］董健. 地域文化资源对地方高校大学生创新创业教育的影响［J］. 黑龙江人力资源和社会保障, 2022（6）: 128-130.

［7］雷大朋. 资源整合共享视角下的高校创新创业教育路径研究［J］. 财富时代, 2022（2）: 219-220.

第七部分　思考与练习

【教学资料】

课程视频

课件资料

【拓展资料】

任务五 传播效益资源

第一部分 任务发布

任务描述：陈浩和李灵艳在了解行业协会资源后，准备对创业项目进行经济效益、社会效益等方面的评估，他们需要先了解经济效益、社会效益等方面的内容，再进行评估。

任务分析：效益资源主要包括经济效益、社会效益、就业效益和创业效益等方面，在分析评估项目时主要参考经济效益、社会效益。大学生创业项目要做好创业效益评估分析。

任务实施：针对创业项目进行综合分析，评估项目的经济效益、社会效益、就业效益和创业效益都有哪些，以何种方式为哪些客户提供什么样的价值。

第二部分 知识学习

一、经济效益分析

经济效益指经济活动中劳动耗费和劳动成果之间的对比。经济效益是资金占用、成本支出与有用生产成果之间的比较。所谓经济效益好，就是资金占用少，成本支出少，有用成果多。

从企业规模上看，绝大多数初创企业都是中小企业，中小企业的经济效益包含若干个优势因素（如图 4-5-1 所示）。在市场经济条件下，任何企业要立于不败之地，就要从本身的特点出发，发挥优势，突出特长。

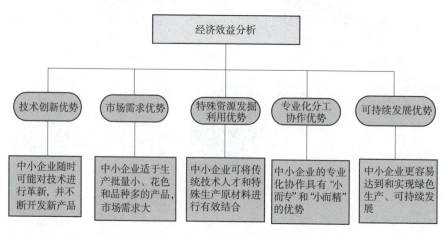

图 4-5-1 中小企业的经济效益分析

二、社会效益分析

1. 社会效益评估与作用

社会效益是指最大限度地利用有限的资源满足人们日益增长的物质文化需求。社会效益评估与分析是以国家各项社会政策为基础，针对项目对国家和地方社会发展目标所作贡献和产生的影响及其与社会相互适应性所作的系统分析评估。社会效益评估方法包括对比分析法、逻辑框架分析法、综合分析评估法等，如图4-5-2所示。

3. 社会效益评估特点

社会效益评估一般具有三个方面的特点，如图4-5-3所示。

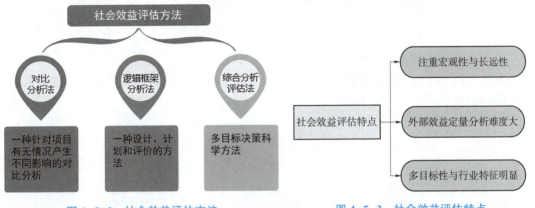

图4-5-2　社会效益评估方法　　　　图4-5-3　社会效益评估特点

三、就业效益分析

就业效益分析是指企业所能提供的就业机会。就业效益一般用每单位投资所提供的就业人数的多少来衡量，或者用提供每个就业机会所需投资的多少来衡量。一般地，就业人数多，则就业效益越大，社会效益越大。通常对就业效益分析从两方面进行，如图4-5-4所示。

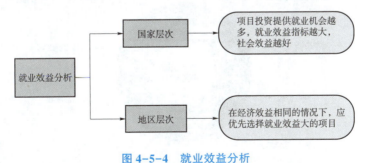

图4-5-4　就业效益分析

四、创业效益分析

创业效益分析是指创业团队发现某种信息、资源、机会或掌握某种技术，利用或借用相应的平台或载体，将其发现的信息、资源、机会或掌握的技术，以创业的方式，转化、创造成更多的财富、价值，并实现某种追求或目标的过程。

1. 大学生创业的社会效益分析

目前我国大学生在就业市场上竞争激烈，社会需求有限，通过创业教育与创业实践，有助于大学生掌握毕业生就业形势，找到适合自己的专业领域，从而展现大学生个人才华，实现大学生自身的人生价值（如图4-5-5所示）。

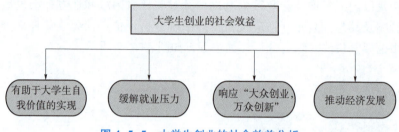

图4-5-5 大学生创业的社会效益分析

2. 大学生创业的社会价值

大学生创业最基本的价值就是可以为创业者带来比较可观的经济收入，同时也提升了个人能力和精神品质（如图4-5-6所示）。

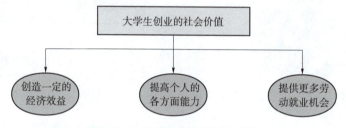

图4-5-6 大学生创业的社会价值

3. 创业效益面的评估准则

创业效益面的评估准则如图4-5-7所示，包含合理的税后净利、损益平衡时间、投资报酬率、资本需求、毛利率、策略性价值、资本市场活力、退出机制与策略等八个方面。

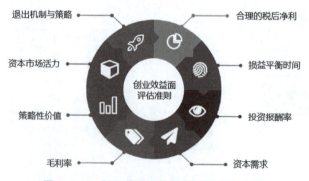

图4-5-7 创业效益面评估准则的八个方面

第三部分　任务训练

任务编号		建议学时	1 学时
任务名称		小组成员姓名	

一、任务描述

1. 演练任务：对创业项目进行经济效益、社会效益、就业效益和创业效益评估。

2. 演练目的：掌握对创业项目进行经济效益、社会效益评估的方法。

3. 演练内容：小张在毕业之季，准备进行创业，他计划创办一个无人机研学基地，请你帮他从经济效益、社会效益、就业效益和创业效益进行分析评估，帮助他分析选择的项目是否合适创业。

二、相关资源

白板笔 6~8 支，半开白纸若干、磁条贴 10~12 个，水彩笔 6~8 盒等。

三、任务实施

1. 了解经济效益、社会效益、就业效益和创业效益的特点。

2. 针对创业项目，分析项目的经济效益、社会效益、就业效益和创业效益。

3. 每个小组进行方案分享。

四、任务成果

1. 获得的直接成果。

2. 获得的间接成果。

3. 个人体会（围绕任务陈述的观点）。

第四部分　任务评价

班级：　　　　　　　　　　　姓名：

序号	评价内容		配分	学生自评	学生互评/ 小组互评	教师评价
1	平时 表现	1. 出勤情况。 2. 遵守纪律情况。 3. 有无提问与记录。	30			
2	创业 知识	1. 了解经济效益、社会效益、就业效益和创业效益的定义、作用和特点。 2. 了解经济效益、社会效益、就业效益和创业效益分析并进行评估。	20			
3	创业 实践	获得的成果丰富，且质量较高。	30			
4	综合 能力	1. 能否认真阅读资料，查询相关信息。 2. 能否与组员主动交流、积极合作。 3. 能否自我学习及自我管理。	20			
总分			100			
教师 评语						

日期：　　　年　　　月　　　日

第五部分　活页笔记

记录时间		指导教师姓名	

主要知识点：

1.

2.

3.

4.

5.

重点难点：

1.

2.

3.

学习体会与收获：

1.

2.

3.

第六部分　参考文献

［1］李淑芬. 金融集聚、创新创业活跃度与城市经济韧性［J］. 经济经纬，2023（7）：26-36.

［2］李婷. 大学生创新创业管理中项目管理理论的应用与体现［J］. 国际公关，2023（6）：92-94.

［3］刘肇民，高士杰. 创业资源对大学生创业绩效的影响：创业胜任力的作用［J］. 辽宁大学学报（自然科学版），2020，47（1）：82-90.

［4］陈之腾. 打响中国制造与创新创业的"东华名片"［J］. 上海教育，2022（7）：39.

［5］李小强. 大学生创业项目转化落地情况调查研究——以徐州市为例［J］. 就业与保障，2021（22）：101-103.

［6］卢莹，刘翰燕，万曼玉，等. 新冠疫情影响下大学生创业发展状况调查——以成都市为例［J］. 中国商论，2021（10）：191-193.

第七部分　思考与练习

【教学资料】

课程视频

课件资料

项 目 五

践行创业行为

知识目标

1. 了解撰写商业计划书的目的；
2. 掌握商业计划书的主要内容及撰写要求；
3. 了解路演 PPT 的主要内容和制作要求；
4. 熟悉路演的逻辑和准备事项。

能力目标

1. 具有识别创业机会、组建创业团队的能力；
2. 具有撰写含创新元素的商业计划书的能力；
3. 能够根据商业计划书，制作路演 PPT；
4. 能结合路演以及答辩的技巧，进行项目路演答辩。

素质目标

1. 通过识别创业机会，拟建创业项目，培养勇于挑战、敢于创新的意识；
2. 根据团队成员的专业合理分配商业计划书的撰写内容，形成团结互助的合作精神；
3. 通过路演及答辩，培养分析问题和解决问题的能力，锻炼思维的敏捷性。

重点难点

1. 商业计划书的核心内容；
2. 根据自设项目，撰写相应的商业计划书；
3. 路演 PPT 的制作思路；
4. 路演及答辩环节的技巧。

知识导图

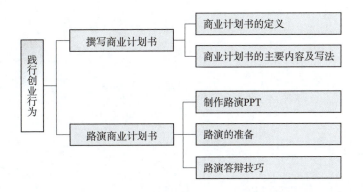

情境案例导入

成功的喜悦

在那个炎炎夏日，炽热的阳光透过高楼大厦的明净窗户，洒下一片耀眼的光斑，照亮了智能厨房公司的办公室。这家初创公司犹如一颗冉冉升起的新星，汇聚了一群年轻有为、充满激情的人，他们在这里追逐梦想，共同为未来努力拼搏。而李灵艳和陈浩，正是这群人中最为璀璨的两颗明星。

经过多年的不懈拼搏，历经三次融资的艰辛历程，他们终于迎来了公司发展的重要里程碑——上市。这个消息如同一颗石子投入平静的湖面，激起了整个公司的热烈反响，所有团队成员都心潮澎湃，充满期待。

在上市前夕，公司里弥漫着紧张而喜悦的气氛。李灵艳带领团队紧锣密鼓地准备着上市的一切工作，她的眼神中透露出坚定和自信。而陈浩则展现出了他敏锐的商业头脑，为公司提供了最强有力的支持。他们一起商讨策略、审核文件，确保每一个细节都无可挑剔。大家都沉浸在即将到来的盛大时刻中，每一个人都能感受到成功的滋味。他们深知，这个上市的机会不仅仅代表着公司的成长，更是他们多年来努力的结晶。

上市的那一天，阳光特别灿烂。公司的股票在交易所上市，从一开始就迎来了涨停。李灵艳和陈浩站在公司的办公楼顶层，俯瞰着整个城市，心中充满了自豪。他们看到的不仅是公司的成功，更是团队所有成员为之努力拼搏的成果。

晚上，公司举办了一场盛大的庆功宴。团队成员们脸上洋溢着笑容，眼中闪烁着兴奋的光芒。大厅里布置着五颜六色的气球和彩带，鲜花的香气弥漫在空气中，营造出欢乐的氛围。李灵艳和陈浩站在舞台中央，他们的声音充满激情，感谢每一位团队成员的努力和付出。他们回忆起过去的日子，那些共同奋斗的日夜、困难与挑战，如今都化作了成功的喜悦。团队成员们纷纷走上舞台，他们手捧酒杯，互相祝贺，有人感性地讲述着自己在项目中的成长和收获，有人激动地表达对团队的感激之情。笑声和掌声此起彼伏，大家互相拥抱，传递着温暖和鼓励。

这个夜晚，是李灵艳和陈浩人生中最难忘的一夜。公司的上市不仅是财富的增长，更是团队精神的飞跃。在成功的喜悦中，李灵艳和陈浩深知，他们的梦想才刚刚开始。他们将继续努力，为公司的发展贡献力量，为自己的人生书写更加辉煌的篇章。

创新创业名句

道在日新，艺亦须日新，新者生机也，不新者死。

——徐悲鸿

任务一　撰写商业计划书

第一部分　任务发布

任务描述：奋斗，是幸福生活的源泉。在陈浩和李灵艳的共同奋斗下，公司将迎来上市，为了将更好地一面展示给投资者和大众，他们需进一步完善商业计划书。

任务分析：商业计划书主要应该围绕项目本身、发展战略、市场营销、财务分析及团队管理来撰写，主要内容包括项目背景、项目概述、痛点分析、产品介绍、技术创新、市场营销、团队概述、财务分析、风险与对策、附录等。

任务实施：商业计划书是公司的发展蓝图和运营计划，有助于评估公司的价值和潜在风险。根据一系列学习，能够撰写一份具备创新元素的合格的商业计划书。

第二部分　知识学习

一、商业计划书的定义

商业计划书是创业者为达到发展经营目标及面向社会筹集资源而撰写的，旨在展现项目和企业现状及发展前景的书面文件。

二、商业计划书的主要内容及写法

商业计划书撰写时很大程度上要遵循特定的格式或规范，但可以根据不同的项目性质、创业团队和创业计划等，在内容的选择上有所不同。商业计划书的主要内容如图5-1-1所示。

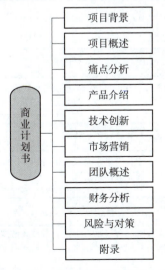

图5-1-1　商业计划书的主要内容

（一）项目背景

项目背景是投资者判断项目可行性的重要依据。项目背景主要描述项目的提出原因，即项目所要进入行业的现状及存在问题、行业竞争状况和发展方向，以及我国发展该行业的政策导向等。总体上，项目背景可从宏观和微观两个层面进行论述。

1. 宏观背景

运用宏观环境（PEST）分析方法对项目的宏观背景进行分析，一般从政治、经济、技术和社会四大类外部环境因素进行分析，如图 5-1-2 所示。

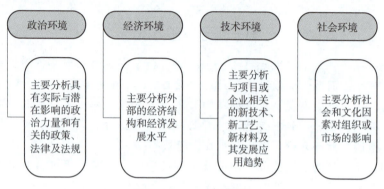

图 5-1-2　PEST 模型

2. 微观背景

（1）客户需求。企业商业模式的核心就是满足客户需求，为客户创造价值。这个需求可能是企业全新的产品、服务或商业模式所催生的，也可能是之前没有得到满足或者得到满足但仍有提升空间的。无论是何种需求，首先都要确定这种需求是真需求还是伪需求，这决定了客户最终是否愿意付费来购买企业提供的产品或服务。而这一需求在客户需求层次中的重要性，又决定了客户购买产品或服务的预算和频率。

（2）行业痛点。是否解决行业痛点，解决的是客户为什么不购买其他企业的产品或服务，而要购买本企业的产品或服务的问题。在这部分内容撰写中，需要归纳出项目所选择的行业目前发展的痛点，列出行业现有相同、相似或替代的产品或服务的特点和不足。初创企业的产品或服务必须能解决或部分解决行业痛点，才能够在市场竞争中获胜，才能够在后续的市场竞争中保有领先地位。总体来说，行业痛点一般有三种，如图 5-1-3 所示。

不能解决客户需求的痛点

●市场上没有相同、相似或替代的任何产品或服务可以满足客户需求，不能很好解决客户需求的痛点。企业在此时进入该行业，能够迅速占领市场份额，占据垄断地位

在客户群体、价格、性能或个性化等方面仍存在提升空间

●企业在此时进入该行业，其产品或服务必须进行差异化创新，满足现有市场的不足，才能在一片红海中另辟出属于自己的蓝海

不能规模化生产的痛点

●行业企业在商业模式上存在没有打通的环节，导致无法规模化生产或无法降低成本、提高利润等问题。企业在此时进入该行业，只有创新商业模式，打通关键环节，才能取得长足发展

图 5-1-3　行业痛点

（3）市场规模。市场规模主要指企业所要专注的细分领域的市场规模，其中包括目前已有市场规模和未来存在的增长空间。除了以翔实的数据作为支撑，也可以加入企业未来可以延伸发展的领域的市场规模，发掘企业未来更长远的发展空间。

（二）项目概述

项目概述是商业计划书中最重要的部分，是商业计划书的缩减版。在项目概述的撰写中，需要注意的是，企业的实际情况要如实说明，不仅要对一般情况进行说明，更要强调企业的特殊情况，突出其良好的发展前景。这部分内容主要包括四个方面，如图 5-1-4 所示。

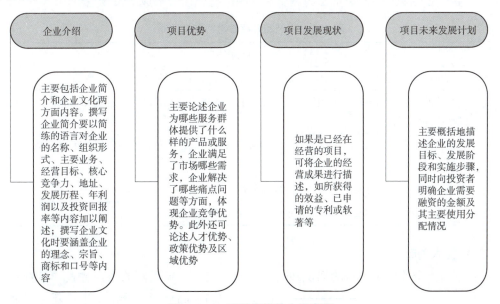

图 5-1-4 项目概述的主要内容

（三）痛点分析

痛点分析主要是通过对企业产品的市场、行业进行分析，明确企业的主要目标消费群体；通过对消费者的需求分析以及与竞争者提供的产品或服务分析，挖掘消费者还未被满足的需求痛点问题，形成相应的解决方案，即企业的核心竞争优势，如图 5-1-5 所示。

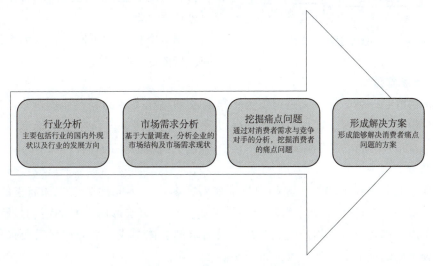

图 5-1-5 痛点分析的主要内容

（四）产品介绍

产品（或服务）介绍是商业计划书中最重要的部分，主要内容包括：：产品的概念、性能和特性，主要产品的介绍，产品的市场竞争力，产品的研究和开发过程，产品的发展计划和成本分析，产品的市场前景预测，产品的品牌和专利等（如表5-1-1所示）。

投资者本质上是较为看重收益与回报的商人，他们会更加认同市场对于公司产品的反映。所以，在此部分内容的阐述中，除了介绍清楚公司的产品体系，向投资者展示公司产品线的完整和可持续发展，更重要的是展现产品的特色以及形成的市场竞争力。

表5-1-1　产品介绍着重回答的问题

序号	问题描述
1	顾客希望企业产品能解决什么问题，能从企业产品当中满足哪些需求或服务
2	企业的产品与竞争对手的相似产品相比，有哪些优缺点？顾客为什么选择本企业的产品？形成哪些竞争优势
3	企业对于产品采取了哪些保护措施？拥有了哪些专利、许可证？与已成功申请专利的其他企业达成了哪些协议
4	企业产品的成本分析，为何产品的定价能使企业获利
5	企业采用什么方式改进产品的性能？企业对于新产品的发展计划等

（五）技术创新

技术创新指企业应用创新的知识和新技术、新工艺，采用新的生产方式和经营管理模式，提高产品质量，开发、生产新的产品，提供新的服务，占据市场并实现市场价值。对于该部分的阐述，主要向投资者展现企业基于产品或服务的特性所采用的技术特点，可以是由企业单独完成的自主技术创新，也可以是由高校、科研院所和企业协同完成的合作技术创新或引进技术创新。

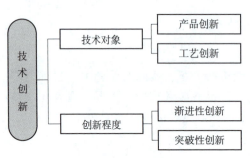

图5-1-6　技术创新的分类

根据分类标准的不同，技术创新的类型也不同，如图5-1-6所示。

（六）市场营销

市场营销既是一种职能，又是组织为了自身及利益相关者的利益而创造、沟通、传播和传递客户价值，为顾客、客户、合作伙伴以及整个社会带来经济价值的活动、过程和体系，主要包含市场分析、营销策略组合、定价以及营销团队等方面的内容。

1.市场分析

（1）细分市场。细分市场，是指根据消费者或客户的不同购买欲望和需求的差异性，按一定标准将一个整体市场划分为若干个子市场，从而确定目标市场的活动过程。其中，任何一个子市场都是由具有相似的购买欲望或需求的群体组成。细分市场需要采用一定的标准，细分市场的标准主要有四类，如表5-1-2所示。

表 5-1-2　细分市场的标准

细分标准	变量因素
地理	国界、地区、城乡、人口密度、地形、气候等因素
人口	年龄、性别、收入、职业、教育程度、宗教、种族、国籍等人口统计变量
心理	消费者的生活方式、个性特点、社会阶层等心理因素
行为	消费者对产品的了解程度、态度、使用情况及反映等因素，主要包括消费者需要满足的需求、对品牌的忠诚度、对产品的使用频率等方面

运用标准细分市场的方法主要有三种，如图 5-1-7 所示。

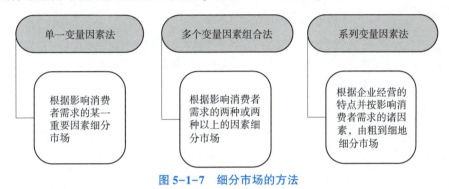

图 5-1-7　细分市场的方法

明确了细分市场的标准和方法之后，那么应该如何细分市场呢？美国市场学家杰罗姆·麦卡锡提出了七步细分市场法，其步骤如图 5-1-8 所示。

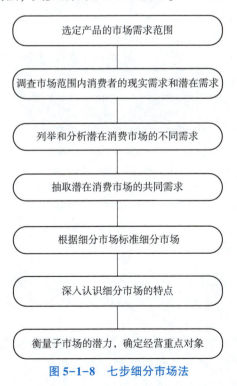

图 5-1-8　七步细分市场法

（2）目标市场。所谓目标市场，是指企业在细分市场之后的若干子市场中，根据自身条件和外界因素所确定的营销对象。企业的目标市场可以是一个或多个子市场，也可以是大部分子市场或整个市场。企业需根据自身的营销战略目标或者实力确定目标市场的多少。目标市场的模式如表5-1-3所示。

表5-1-3　目标市场的模式

目标市场模式	定义与特征
密集单一市场	企业只选择一个子市场集中营销。企业可以更清楚了解子市场的需求，但是风险较大
有选择的专业化	企业有选择地进入几个不同的子市场，每个市场可相对独立，且有可能赢利。相对于密集单一市场，可分散风险
市场专业化	企业集中地满足某一特定消费群体的各种需求。这种模式能够更好地满足消费者的需求，树立良好的信誉，但是一旦消费者的需求发生改变，企业将会面临一定的风险
产品专业化	企业同时向不同的子市场销售一种产品。这种模式能使企业在特定的产品领域树立良好的信誉，但是如有更好的相似产品或替代产品时，就会发生危机
完全覆盖市场	企业生产各式各样的产品满足不同消费者的需求。这种模式只有大企业才能选择

（3）市场定位。市场定位也就是企业为了使产品获得稳定的销路，需要使其产品形成某种特色，树立一定的市场形象，从而获得消费者特定的偏爱，实质上是取得目标市场的竞争优势。市场定位需要在一定的调查研究基础之上，明确企业产品的独特竞争优势，其步骤如图5-1-9所示。

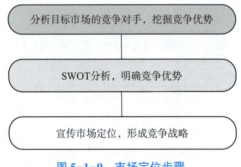

图5-1-9　市场定位步骤

2. 营销策略组合

（1）产品策略。

1）产品生命周期及营销策略。绝大多数产品的生命周期都会经历导入期、成长期、成熟期和衰退期四个阶段，每个时期的产品特点有所不同，需要采用不同的营销策略，如图5-1-10所示。

2）产品组合策略。产品组合是指一个企业生产或销售的全部产品的结构或组成。产品组合是由不同的产品线组成，每一条产品线又由不同的产品项目构成。企业在调整或优化产品组合时，可选择的策略如表5-1-4所示。

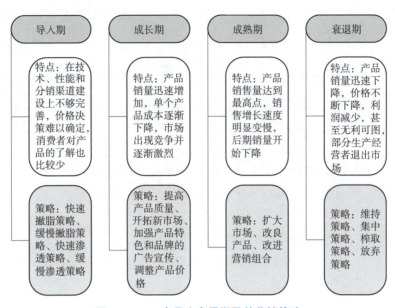

图 5-1-10 产品生命周期及其营销策略

表 5-1-4 产品组合策略

策略	决策
扩大产品组合	可以增加产品线，也可以增加现有产品线的深度，即在现有产品大类中增加产品的项目
缩减产品组合	当企业的某些产品获利较小甚至无法获利时，可以缩减相应的产品线或产品项目，集中资源经营那些获利较大或前景较好的产品线及产品项目
产品线延伸	包括向上、向下及双向延伸三种类型。向上延伸是增加中、高档的产品，向下延伸是增加中、低档的产品项目，双向延伸是增加低、高档的产品项目

3）品牌与包装策略。

① 品牌策略。品牌是一种标志，用来识别某个销售的产品或服务，包括品牌名称和品牌标识。受到法律保护的品牌则成为商标。企业的品牌策略如表 5-1-5 所示。

表 5-1-5 企业的品牌策略

策略	决策
品牌有无策略	现代企业都会建立属于自己的品牌
品牌使用者策略	企业是使用自己的品牌（制造商品牌），还是将其生产的产品卖给中间商，中间商再将产品转卖出去（中间商品牌）
品牌统分策略	企业的所有产品使用统一品牌，还是不同产品使用不同品牌，或同类产品使用统一品牌，或在不同产品使用不同品牌前冠以企业名称
品牌延伸策略	企业将在市场获得成功的商标品牌延伸用到其他产品上
多品牌策略	企业对各种产品采用不同的品牌

② 包装策略。产品包装是重要的营销组合要素，也是提高产品市场竞争力的重要手段，其策略如表 5-1-6 所示。

表 5-1-6　产品包装策略

策略	决策
统一包装策略	企业对生产的各种不同产品采用相同或相似的包装，有利于节省包装设计费用，树立品牌或企业形象，提高产品销售
等级包装策略	企业对不同质量和等级的产品采用不同的包装，可满足不同层次消费者的不同需求，但会增加产品的包装设计费和新产品的推销费用
配套包装策略	把在使用上相关联的几种产品放在同一包装物内销售，可满足消费者的不同需求，方便购买，同时可促进产品销售
再使用包装策略	产品使用完之后，其包装物可再利用
附赠品包装策略	在产品包装上附有赠品或优惠券等，是市场上较流行的包装策略，可吸引消费者重复购买
改变包装策略	为了适应市场的发展变化，对产品包装进行改良

（2）渠道策略。分销渠道是指产品从生产者传送到消费者手中所经过的全过程，以及相应设置的市场销售机构。正确运用销售渠道，可以使企业迅速及时地将产品转移到消费者手中，达到扩大产品销售、加速资金周转、降低流动费用的目的。企业选择分销渠道时应解决的主要问题如表 5-1-7 所示。

表 5-1-7　企业选择分销渠道时应解决的主要问题

序号	问题描述
1	决策是否需要中间商
2	若决定需要中间商，需确定由哪几条分销渠道把产品销售给消费者
3	确定每一条分销渠道选用中间商的类型，是批发商、零售商还是代理商
4	确定每一条分销渠道层次使用中间商的数量，是采用密集分销、选择分销还是独家分销
5	决定具体选择的中间商

（3）价格策略。价格策略要以科学规律的研究为依据，以实践经验判断为手段，在维护生产者和消费者双方经济利益的前提下，以消费者可以接受的水平为基准，根据市场变化情况，灵活反应，通过买卖双方平衡后，共同决策。产品的定价策略如图 5-1-11 所示。

图 5-1-11　产品的定价策略

（4）推广策略。

1）人员推销策略。人员推销具有较大的灵活性和较强的针对性，能够直接接触顾客，也可与顾客培养感情。

企业选择人员推销策略时，应先明确推销任务，了解推销对象，然后制定有针对性的推销方案。人员推销策略如表5-1-8所示。

表5-1-8 人员推销策略

策略	定义
试探性策略	也称"刺激-反应"策略，指在不了解顾客的情况下，推销人员运用刺激手段引发顾客产生购买行为的策略
针对性策略	也称"配方-成交"策略，指推销人员在基本了解顾客的前提下，有针对性地对顾客进行宣传、介绍，最终达到成交的目的
诱导性策略	也称"诱发-满足"策略，指推销人员通过使用激起顾客某种需求的说服方法，诱导顾客产生购买行为的策略

2）广告策略。广告策略，是在广告调查的基础之上围绕市场目标的实现，制定出系统的广告策略与创意表现并实施的过程。广告媒体主要包括报纸、杂志、广播、电视、网络、户外等。选择广告媒体时，应考虑媒体的性质与传播效果、产品性能和使用范围、目标顾客的特点、企业对传播信息的要求、媒体的成本和媒体的支付能力等因素（如图5-1-12所示）。

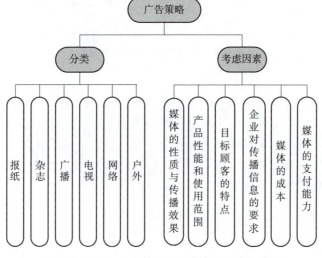

图5-1-12 广告策略主要分类及考虑因素

（七）团队概述

有一种说法："宁可投一流的人、二流项目，也不投一流项目、二流的人。"因此，投资者是否对企业进行投资有很大部分原因是由企业的团队人员及其合理的组织结构决定的。所以，要实事求是地向投资者展现团队的实力，主要包括团队介绍、组织结构及职责分工、人力资源规划等内容，如图5-1-13所示。

（八）财务分析

财务分析是商业计划书中极其重要的组成部分，合理的财务预测是赢得投资的最重要的因素。在本部分，需要告诉投资者的是：创立公司的启动资金是多少？从哪里来？资金

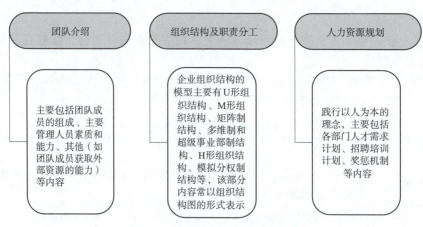

图5-1-13 团队概述包含的主要内容

使用将怎么分配？用于哪些方面？资金的使用率如何？投资报酬率有多高？有没有投资风险？资金应如何合理地退出企业？如图5-1-14所示。

在撰写时，尽可能用表格以数据形式呈现，要求数据准确，来源可靠，切忌造假。

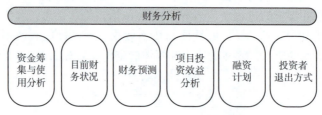

图5-1-14 财务分析的主要内容

1. 资金筹集与使用分析

资金筹集是企业财务活动的起点，是指企业从各种不同的来源、用各种不同的方式筹集其生产经营过程中所需要的资金。常见的筹资方式有银行借款、发行公司债券、发行股票、吸收直接投资、商业信用筹资（如表5-1-9所示）。此外，还需展示启动资金如何分配使用。一般情况下，启动资金主要用于厂区/基地建设、设备投资、产品开发、市场营销、宣传广告、团队工资、场地租赁以及技术研发等。

表5-1-9 资金筹集方式

资金筹集方式	特点
银行借款	筹资方式手续简便，企业可以在短时间内获得所需资金；但是企业需要向银行支付借款利息，并且到期必须归还本息，若企业不能合理地安排还贷，那么可能会引起企业财务状况恶化
发行公司债券	只有股份有限公司、国有独资公司、由两个以上的国有企业或者两个以上的国有投资主体投资设立的有限责任公司，才有资格发行公司债券
发行股票	这种筹资方式会引起原有股东控制权的分散
吸收直接投资	以合同、协议等形式吸收国家、其他法人、个人、外商等主体直接投入资金，形成企业自有资金
商业信用筹资	包括欠账、期票和商业承兑票据三种方式

2. 目前财务状况

企业的经营成果对投资者有重要的参考价值，因此，应向投资者展示企业目前的财务状况，主要提供过去 3~5 年的现金流量表、资产负债表、损益表以及每个年度的财务报告书。

3. 财务预测

财务预测主要对企业未来 3~5 年的销售收入、成本、损益以及现金流进行预测分析，形成相应的表格，简洁明了地体现企业的经营规划。

（1）未来 3 年的收入预测如表 5-1-10 所示。编写收入分析时，应明确企业的销售收入由哪些项目组成，并且明确每个产品在未来 3 年的单价以及销售数量的预估数据。

表 5-1-10　未来 3 年的收入预测

项目	第一年	第二年	第三年
产品 1 销售数量			
产品 1 单价			
产品 1 销售收入			
产品 2 销售数量			
产品 2 单价			
产品 2 销售收入			
总销售合计			

（2）未来 3 年的成本预测如表 5-1-11 所示。企业的总成本预测分析主要包括主营业务成本、销售税金、销售费用、管理费用及财务费用等。其中，主营业务成本包括直接人工、直接材料以及制造费用（折旧费、办公费、水电费、劳保费、生产管理人员工资福利）等；销售税金包括企业在销售环节缴纳的、直接从销售收入中支付的税金；销售费用包括广告费、运输装卸费、销售机构经费、销售人员工资福利等；管理费用包括办公设施折旧费、维修费、差旅费、职工教育培训费、业务招待费、行政管理人员工资福利以及坏账损失费等；财务费用包括利息、融资手续费和汇兑损失费等。

表 5-1-11　未来 3 年的成本预测

项目	第一年	第二年	第三年
主营业务成本			
销售税金			
销售费用			
管理费用			
财务费用			
合计			

（3）未来 3 年的损益预测如表 5-1-12 所示。损益表反映企业在一段时间内，使用资产从事经营活动所产生的净利润或净亏损。净利润增加了投资者的价值，净亏损则减少了投资者的价值。

表 5-1-12 未来 3 年的损益预测

项目	第一年	第二年	第三年
一、销售收入			
减：成本及税金			
二、销售利润			
减：管理费用			
财务费用			
三、营业利润			
减：所得税			
四、净利润			

（4）未来 3 年的现金流量预测如表 5-1-13 所示。现金流量表主要体现企业在一段时间内从事经营活动、投资活动和筹资活动所产生的现金流量。

表 5-1-13 未来 3 年的现金流量预测

项目		第一年	第二年	第三年
现金流入	销售收入			
	服务收入			
	合计			
现金流出	经营成本			
	管理费用			
	销售费用			
	财务费用			
	销售税金			
	合计			
净现金流				

4. 项目投资效益分析

投资效益评价分析，是对投资项目的经济效益和社会效益进行分析，并在此基础上，对投资项目的技术可行性、经济盈利性以及进行此项投资的必要性做出相应的结论，作为投资决策的依据。项目投资效益分析常用的工具有投资回收期和内部投资回报率，如图 5-1-15 所示。

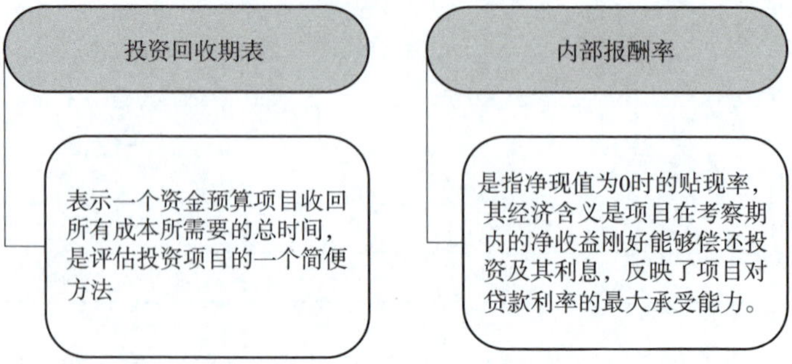

图 5-1-15 项目投资效益分析常用的工具

5. 融资计划

融资部分主要展现两个要素：资金需求和融资方案，如图 5-1-16 所示。在项目融资中提出的资金需求并不要求非常精确，尤其是早期项目，给出大体区间即可，但是要求体现出"合理性"和"规划性"。另外，资金需求金额与实际得到的资金数额可能差异很大，所以要把重点放在资金用途的合理性和必要性说明上，合理性和必要性是后期谈判的基础。

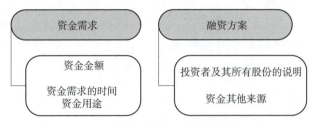

图 5-1-16 融资计划主要要素

6. 投资者退出方式

对于投资者来说，投资的目的只有一个，就是在未来的某个时间内获得盈利并顺利退出。投资者最终想要得到的是现金回报，其选择退出的方式主要有四种，如图 5-1-17 所示。

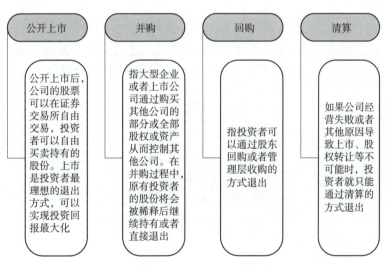

图 5-1-17 投资者退出的方式

（九）风险与对策

风险评估与分析是创业者对创业过程中的生产、销售和管理等各个环节上有可能出现的各种潜在性危险或问题进行预估，并且制定相应的应变策略，尽可能地把风险降至最低，如图 5-1-18 所示。

（十）附录

附录也是商业计划书重要的一部分，是对主体内容的补充。为了使主体内容言简意赅，不适合在主体内容中过多描述的，或者没法在同一个层面上详细阐述的，以及需要提供的参考资料和数据等内容，一般在附录部分中体现，供投资者阅读时参考。附录由企业营业

政策风险

描述：指因国家宏观政策如货币政策、财政政策等发生变化，导致市场价格波动而产生风险。
对策：
（1）在国家各项经济政策和产业政策的指导下，汇集多方信息，提炼最佳方案。
（2）加强内部管理，努力提高经营管理效率，形成公司的独特优势，增强抵御政策风险的能力

市场风险

描述：指由于某种全局性的因素引起的投资收益的可能变动，主要有利率风险、汇率风险和商品价格风险等。
对策：
（1）选择恰当的目标市场作为突破口，制定相应的营销策略，从而提高产品的市场占有率。
（2）时刻关注竞争对手的动态和市场的变化情况，及时调整营销策略。
（3）不断强化内部管理，提高服务质量

技术风险

描述：指在技术创新过程中因技术方面变化的不确定性导致失败的可能性，包括技术从发明到商业化、产业化过程中可能出现的各种不利结果。
对策：
（1）加强对技术创新方案的可行性论证，减少技术开发与技术选择的盲目性。
（2）建立灵敏的技术信息预警系统，及时预防技术风险。
（3）组建技术研发联合体

财务风险

描述：广义的财务风险是指企业在筹资、投资、资金营运及利润分配等财务活动中因各种因素而导致的对企业的存在、盈利及发展等方面的重大影响。
对策：
（1）建立财务预警分析指标体系，防范财务风险。
（2）建立短期财务预警系统，编制现金流量预算。
（3）确立财务分析指标体系，建立长期财务预警系统。
（4）树立风险意识，健全内控程序，降低潜在风险

管理风险

描述：指企业管理运作过程中因信息不对称、管理不善、判断失误等影响管理水平。
对策：
（1）管理者自身综合素质的持续提升。
（2）优化组织结构，内联外拓。
（3）塑造良好企业文化。
（4）遵循科学管理原则，减少管理人员的随意性

图 5-1-18　风险与对策

执照、新产品的鉴定、相关数据统计、财务报表、审计报告、商业信函或合同，以及相关荣誉证书等内容组成。

第三部分　任务训练

任务编号		建议学时	2 学时
任务名称		小组成员姓名	

一、任务描述

1. 演练任务：制作一份具有创新元素且内容完整的商业计划书。

2. 演练目的：能够制作一份具有创新元素且内容完整的商业计划书。

3. 演练内容：请各创新创业小组结合前面各项目所学，制作一份具有创新元素的完整商业计划书，主要内容包括但不限于项目背景、项目概述、痛点分析、产品介绍、技术创新、市场营销、团队概述、财务分析、风险与对策、附录等。

二、相关资源

1. 郑畅 . GQ 海品乐淘网商业计划书［D］. 广州：华南理工大学，2015。

2. 王丹雪 . 宠物短期寄养在线服务平台创业计划书［D］. 厦门：厦门大学，2014。

三、任务实施

1. 做好团队分工，提炼好项目的创新元素。

2. 撰写一份具有创新元素且内容完整的商业计划书。

四、任务成果

1. 获得的直接成果。

2. 获得的间接成果。

3. 个人体会（围绕任务陈述的观点）。

第四部分　任务评价

班级：　　　　　　　　　　　　　　姓名：

序号	评价内容		配分	学生自评	学生互评/ 小组互评	教师评价
1	平时 表现	1. 出勤情况。 2. 遵守纪律情况。 3. 有无提问与记录。	30			
2	创业 知识	了解商业计划书的框架。	20			
3	创业 实践	能完成商业计划书的撰写，获得的成果丰富，且质量较高。	30			
4	综合 能力	1. 能否认真阅读资料，查询相关信息。 2. 能否与组员主动交流、积极合作。 3. 能否自我学习及自我管理。	20			
总分			100			
教师 评语					日期：　　年　　月　　日	

第五部分　活页笔记

记录时间		指导教师姓名	
主要知识点：			
1.			
2.			
3.			
4.			
5.			
重点难点：			
1.			
2.			
3.			
学习体会与收获：			
1.			
2.			
3.			

第六部分　参考文献

［1］哈申图雅，李伟树. 高职学生创新创业教程［M］. 北京：北京理工大学出版社，2016.

［2］薛永基. 创业基础：理念、方法与应用［M］. 北京：北京理工大学出版社，2016.

［3］郑畅. GQ 海品乐淘网商业计划书［D］. 广州：华南理工大学，2015.

［4］王丹雪. 宠物短期寄养在线服务平台创业计划书［D］. 厦门：厦门大学，2014.

［5］卢福财. 创业通论［M］. 北京：高等教育出版社，2023.

［6］李世杰. 市场营销与策划［M］. 北京：清华大学出版社，2022.

第七部分　思考与练习

【教学资料】

课程视频

课件资料

【拓展资料】

【赛事案例】

赛事案例：高铁餐饮"津津有味"——智能高铁冷链中央厨房集成方案开拓者

创新创业名句

对于创新来说，方法就是新的世界，最重要的不是知识，而是思路。

——郎加明

任务二 路演商业计划书

第一部分 任务发布

任务描述：陈浩和李灵艳经过前期精心准备，终于获得展示项目的机会，二人的真诚、专业和激情感动了投资者，获得了投资。经营期间，他们秉承"以诚为本"的道德准则，"以信笃行"的行为规范，以行践言，以践行远。

任务分析：围绕商业计划书，将其主要元素通过PPT形式阐述出来。演练的时候需要站在评委、投资者的角度，不可泛泛而谈，顾客、市场、竞争、收入等分析应该确保数据的相对真实性。

任务实施：在整个商业模式中，最为关键的是围绕痛点解决方案，结合项目逻辑层层展开，以PPT为工具清晰地展现商业计划书。

第二部分 知识学习

一、制作路演PPT

1. 路演PPT的主要内容
路演PPT主要包括封面、痛点分析、解决方案、产品介绍、市场分析、商业模式、营销策略、团队介绍、融资需求及愿景等，如图5-2-1所示。

2. 路演PPT的制作要求
制作路演PPT时，应注意篇幅不宜过长，字体不宜过小，重点要突出，逻辑要清晰，表达要精准，版式要简洁，如图5-2-2所示。

二、路演的准备

路演的准备包括收集听众资料、收集路演环境与时间的资料、相关物品准备、PPT等媒介准备、路演者准备及路演准备，如图5-2-3所示。

三、路演答辩技巧

路演答辩要注意以下技巧：路演者不能过度依赖PPT，语言生动有趣、充满激情，注意仪态仪表，内容要精练，如图5-2-4所示。

注意答辩技巧：在进行答辩时，首先要识别投资者提出问题的本质，然后站在投资者的角度用简洁易懂的语言回答，对重要的数据要脱口而出，增加项目的真实性。若遇到不懂或不知如何回答的问题时，也要实事求是，真诚地向投资者或评委表明，避免答非所问。

封面	痛点分析	解决方案	产品介绍	市场分析
主要分析具有实际与潜在影响的政治力量和有关的政策、法律及法规；需在政府公开网站等权威网站引用政策方面的原话或数据	主要明确以下几个问题：（1）有哪些痛点问题？（2）有哪些权威的调查或研究数据可证实这些问题？（3）为谁解决问题	可从以下几方面展开：（1）目前使用的解决方案有哪些？为什么没有真正解决问题？（2）本项目的解决方案是什么	向投资者演示项目的产品，包括以下几方面内容：（1）产品的性能及特色是什么？是如何产生的？（2）产品为客户提供了哪些价值？为何能带来这些价值	要吸引投资者的兴趣且说服投资者，需要注意：（1）目标市场是什么？（2）市场定位是什么？（3）如何提高市场占有率？（4）竞品有哪些竞争优势

商业模式	营销策略	团队介绍	融资需求	愿景
应从以下几方面进行阐述：（1）商业模式的工作原理，即本项目是如何获利的？（2）本商业模式如何通过相关的案例研究得以验证	应包含以下内容：（1）产品是如何被客户获悉的？（2）产品的销售渠道有哪些？如何验证其是有效的渠道？（3）是否拥有具有竞争力的分销策略	应从以下几方面展开：（1）团队的成员有谁？他们有哪些与项目发展相关的技能或经验？（2）团队有哪些专家或顾问？他们能够为项目发展提供哪些保障	应从以下几方面进行阐述：（1）还需要多少资金进一步验证本项目的商业模式？（2）目前企业还有多少资金？还需要多少资金？（3）这些资金将如何分配使用	应与封面相呼应，可用一句与项目相关的宣传标语展示本项目的愿景

图 5-2-1　路演 PPT 的主要内容

篇幅精短	逻辑清，表达准	版式简洁
PPT篇幅最好不超过20页，每页内容不宜过多，要以关键词或形成小标题突出重点要点，言简意赅，关键词部分要标注。PPT中的字体最好在30号左右，不宜太小	构思好每个模块需要展示的重要内容，整理好相应的关键词、各项数据和图片素材，并且以清晰的逻辑主线将每个模块的内容进行串联，图文并茂，更容易引起共鸣	PPT的模板最好适应项目的行业属性和特点，确定一个主色调，定位相应的风格。颜色不宜太花哨，最好不超过三种颜色，且颜色搭配要合理，不要太突兀。另外，PPT制作不宜过多使用特效

图 5-2-2　路演 PPT 的制作要求

另外，如有投资者或评委提出不一样的见解时，不要直接反驳，先肯定和感谢他们提出的宝贵意见，再对自己的看法进行阐述。

收集听众资料	收集路演环境与时间的资料	相关物品准备	PPT等媒介准备	路演者准备	路演准备
路演要想获得成功，就要"知己知彼,百战不殆"。需要注意： （1）收集诉求。 （2）了解关键决策人和决策习惯。 （3）了解商业计划中最能打动投资者的内容。 （4）了解竞争对手	需要收集： （1）路演场地的大小。 （2）路演场地的条件。 （3）路演时间	需要准备： （1）演讲现场可能用到的宣传手册、产品样品等。 （2）合同书与专利书的原件。 （3）演讲者的服装	PPT内容应该简明扼要。通常20分钟的演讲,PPT的篇幅应控制在12张左右,不宜过多。同时,要根据不同投资者准备不同的PPT	路演人数一般不作要求,参与者可自行挑选最合适的人（创始人、核心成员或多成员合作均可）演讲。通常,创始人演讲会更有感染力,让投资者感觉项目更可靠	在正式路演前,路演者需要进行大量的反复练习,充分熟悉演讲的内容和逻辑,以便在遇到突发状况时能够从容应对。同时,演练时发现问题,及时更正和改进

图 5-2-3　路演的准备

路演者不能过度依赖PPT	语言生动有趣、充满激情	注意仪态仪表	内容要精练
路演者在进行路演时,要像讲故事一样对项目进行阐述,不能过度依赖PPT	路演者要充分自信,通过肯定的语言、激昂的语调,配合手势展现激情,感染投资者。要用通俗易懂的语言,用真实、真诚的态度赢得投资者的信任	路演时,不宜过度紧张,身体姿态放松,保持直立,不能僵硬。要与投资者有眼神互动和交流。表情要自信,可略带笑容,尽量避免过于严肃	主要讲清楚项目的核心团队、商业模式、技术门槛、市场渠道和融资需求等,要特别突出项目和团队的优势,还要向投资者介绍清楚项目是如何赢利的

图 5-2-4　路演答辩技巧

第三部分　任务训练

任务编号		建议学时	2 学时
任务名称		小组成员姓名	

一、任务描述

1. 演练任务：路演具有创新元素且内容完整的商业计划书。

2. 演练目的：团队主要成员均能对商业计划书进行演练。

3. 演练内容：各创新创业小组结合 PPT 所需展示的基本要素，完善 PPT，并进行演练。

二、相关资源

赛事案例：高铁餐饮"津津有味"——智能高铁冷链中央厨房集成方案开拓者。

三、任务实施

1. 做好团队分工，撰写一份路演 PPT。

2. 对团队自设项目进行反复演练，并在班级进行公开路演。

四、任务成果

1. 获得的直接成果。

2. 获得的间接成果。

3. 个人体会（围绕任务陈述的观点）。

第四部分　任务评价

班级：　　　　　　　　　　　　姓名：

序号	评价内容		配分	学生自评	学生互评/ 小组互评	教师评价
1	平时 表现	1. 出勤情况。 2. 遵守纪律情况。 3. 有无提问与记录。	30			
2	创业 知识	熟悉路演流程。	20			
3	创业 实践	能按时保质完成商业计划书的演练。	30			
4	综合 能力	1. 能否认真阅读资料，查询相关信息。 2. 能否与组员主动交流、积极合作。 3. 能否自我学习及自我管理。	20			
总分			100			
教师 评语						

日期：　　　年　　　月　　　日

第五部分　活页笔记

记录时间		指导教师姓名	
主要知识点： 1. 2. 3. 4. 5.			
重点难点： 1. 2. 3.			
学习体会与收获： 1. 2. 3.			

第六部分　参考文献

［1］刘富才，陈晓健. 创新创业基础 ［M］. 长春：东北师范大学出版社，2019.

［2］冯林. 大学生创新基础 ［M］. 北京：高等教育出版社，2017.

［3］刘艳彬，李兴森. 大学生创新创业教程 ［M］. 北京：人民邮电出版社，2016.

第七部分　思考与练习

【教学资料】

课程视频

课件资料